# "16·7"特大暴雨过程总结

张迎新　李宗涛　张　南　等编著

气象出版社
China Meteorological Press

## 内 容 简 介

本书以提高天气预报业务人员对极端暴雨的认识,对"16·7"特大暴雨过程进行了总结。全书共分为5章,内容包括雨情分析、天气系统及其演变、中尺度特征、多源非常规资料的应用,最后介绍了"16·7"特大暴雨概念模型。

本书可供从事天气分析预报的气象、水文等工作者参考,也可供相关行业的科研人员参考。

**图书在版编目(CIP)数据**

"16·7"特大暴雨过程总结 / 张迎新等编著. --
北京 : 气象出版社,2021.5
　　ISBN 978-7-5029-7357-5

Ⅰ. ①1… Ⅱ. ①张… Ⅲ. ①特大暴雨-气象灾害-华北地区-2016 Ⅳ. ①P426.62

中国版本图书馆 CIP 数据核字(2020)第 257032 号

"**16·7**"特大暴雨过程总结

"16·7"Teda Baoyu Guocheng Zongjie

出版发行:气象出版社

| | |
|---|---|
| 地　　址:北京市海淀区中关村南大街 46 号 | 邮政编码:100081 |
| 电　　话:010-68407112(总编室)　010-68408042(发行部) | |
| 网　　址:http://www.qxcbs.com | E-mail:qxcbs@cma.gov.cn |
| 责任编辑:黄红丽 | 终　　审:吴晓鹏 |
| 责任校对:张硕杰 | 责任技编:赵相宁 |
| 封面设计:楠竹文化 | |
| 印　　刷:北京建宏印刷有限公司 | |
| 开　　本:710 mm×1000 mm　1/16 | 印　　张:8.25 |
| 字　　数:166 千字 | |
| 版　　次:2021 年 5 月第 1 版 | 印　　次:2021 年 5 月第 1 次印刷 |
| 定　　价:66.00 元 | |

# 《16·7特大暴雨过程总结》

# 编写组

张迎新　李宗涛　张　南

何丽华　雷　蕾　申莉莉

王丛梅　张立霞　段宇辉

# 前　言

2016 年 7 月 19—21 日,华北地区出现了自"63·8"暴雨(1963 年 8 月 1—10 日)以来范围最大、持续时间最长的特大暴雨天气过程(简称"16·7"特大暴雨)。京津冀平均降水量 156.4mm,过程雨量有 7 站超过 600mm,均位于太行山区,其中赞皇县的嶂石岩乡过程降水量最大,为 816.5mm,其次为井陉县的杨家湾村 722.0mm,第三是井陉县徐汉村 700.0mm。国家气象站石家庄井陉最大 433.4mm,其次为邯郸武安 420.9mm。京津冀有多站的雨量突破了历史同期极值,安新、徐水、霸州、容城、涿州、献县、清河、北京、朝阳、海淀、丰台、石景山、斋堂、房山、霞云岭、大兴、天津、东丽 14 个国家气象站的日降水量更是刷新了当地全年单日雨量的纪录。平均过程降水量仅次于"63·8",位列华北第二。

此次过程由槽前降雨阶段、气旋降雨阶段组成,期间低层强劲的东南急流遇到太行山,使得水汽能量在山前集聚,迎风坡地形的抬升作用加剧垂直上升运动,致使太行山山区降水量是平原地区的 4 倍左右。"16·7"特大暴雨强度大、范围广,导致受灾人口多,影响的行业多,给华北造成了较为严重的经济损失。据不完全统计,此次特大暴雨灾害造成河北省直接经济损失约 574.57 亿元。

本书得到了河北省科技计划项目"基于'7·19'特大暴雨过程的极端强降水预报技术研究"(17275409D)资助。作者主要由项目组成员组成,张迎新负责本书内容设计、编写组织和文稿审定工作。主要分工如下:第 1 章雨情分析,由李宗涛负责编撰;第 2 章天气系统及其演变,由雷蕾(2.1—2.2 节)、申莉莉(2.3 节)负责编撰;第 3 章中尺度特征,由何丽华(3.1 节)、张南(3.2 节)负责编撰;第 4 章多源非常规资料的应用,王丛梅负责 4.1 节的编撰,张立霞和段宇辉负责 4.2—4.5 节编撰;第 5 章华北"16·7"特大暴雨过程的概念模型、附录,由张迎新负责编撰。全书由张迎新技术负责,李宗涛完成了文稿审定工作,项目组成员张叶、金晓青、孙云、陈子健、张姗做了绘图等许多辅助性工作。

感谢北京大学陶祖钰教授对本书的编撰给出的宝贵建议。

在撰写过程中,参考了许多人的研究成果,除参考文献所列正式刊登的论文、论著外,还有一些资料来自会议、报告等材料,在此深表谢意。

在编写过程中,难免存在不妥之处,望批评指正。

作者

2020 年 5 月

# 目　录

# 第 1 章　雨情分析

2016 年汛期(7 月 19—22 日)华北地区发生了一次平均雨量 100mm 以上、降雨范围、过程最大降水量(简称"16·7"特大暴雨),均超"12·7"和"96·8"的特大暴雨,过程雨量仅次于"63·8",但此次降雨过程暴雨出现范围最大,同时有累计雨量大、覆盖范围广、短时降雨强等特点。强降雨造成华北地区,特别是河北省中南部太行山区及其东麓出现了严重洪涝、山洪、滑坡等灾害,给人民生活和生命财产造成重大损失。

## 1.1　过程雨量特征及其极端性分析

2016 年 7 月 19—22 日,华北大部分地区出现了大范围降水(马学款等,2016),主要降雨时段出现在 19 日 00 时至 21 日 08 时,河南北部、山西中东部、河北大部、北京、天津和内蒙古东南部等地出现了大范围暴雨或大暴雨(图 1.1a),河北西部沿山和东北部、河南北部、北京西部沿山和城区部分地区出现特大暴雨,400mm 以上的降水主要集中在河北中南部、河南北部的太行山区(图 1.1b)。

本节将对此次过程京津冀的降雨分布特征及其极端性进行分析,分析的数据来源于河北省气象信息中心、北京气象信息中心存储的京津冀地区国家站及区域站降水实况,选取的降雨时段为 2016 年 7 月 19 日 02 时—22 日 00 时。

此次降雨过程从 7 月 19 日 02 时开始,雨区自南向北逐渐覆盖京津冀地区,到 7 月 22 日凌晨结束。

2016 年 7 月 19 日 02 时—22 日 00 时,京津冀平均降水量 156.4mm(图 1.2),最大累积降水量 816.7mm(赞皇嶂石岩),96 站累积降水量超过 400mm,最大日降水量 273.3mm(涿州),最大雨强 138.5mm/h(邢台桥西区南大郭站)。除张家口、承德及沧州南部和邯郸东部外,其他大部分地区过程降水量达 100~300mm,其中石家庄、邢台和邯郸三市的西部太行山区、北京西部山区(房山、门头沟、昌平的山区)以及秦皇岛青龙的燕山山区共 96 站累积降水量超过 400mm。雨强大于 50mm/h 有 237 站次,19 站次雨强大于 80mm/h,6 站次雨强大于 100mm/h。大于 100mm/h 雨强的站点分别为邢台桥西区南大郭站(138.5mm/h)、石家庄赞皇县嶂石岩(128.1mm/h)、邢台桥西区金华小学(125.1mm/h)、邯郸磁县陶泉乡(123.1mm/h)、石家庄平山县东回舍(109.7mm/h)、邢台西黄村(102.8mm/h)。统计表明,历史上几次典型的大范围强降水过程多出现在 7 月下旬至 8 月上旬,在 7 月中旬出现如此大范围强降水过程属历史罕见。

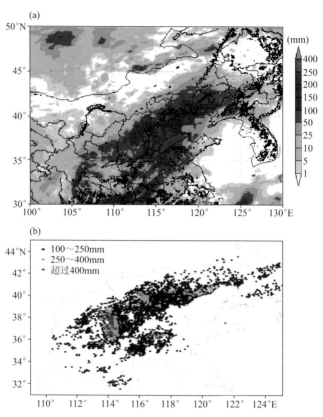

图 1.1　2016 年 7 月 19—22 日华北地区过程雨量

(a)"16·7"特大暴雨累积降雨总量；(b)100mm 以上降水站点分布

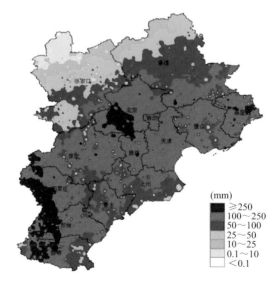

图 1.2　2016 年 7 月 19—22 日"16·7"京津冀特大暴雨降水量分布

河北全省平均降水量 145.9mm,超过 85% 的县(市)出现暴雨,接近 6 成的县(市)出现大暴雨,仅 7 月 20 日当天就有 119 个县(市)出现暴雨,这是河北历史上暴雨范围最大的一天。全省区域站出现暴雨 2511 站次,其中大暴雨 1385 站次,特大暴雨 114 站次。国家站共有 19 个县(市)日最大降水量突破 7 月份日降水量极值,其中涿州(273.3mm)、容城(214.0mm)、安新(205.3mm)、徐水(190.4mm)、献县(189.6mm)、霸州(181.4mm)、清河(134.4mm)7 个县(市)日最大降水量突破历史极值。石家庄的赞皇、平山、井陉、元氏以及秦皇岛的青龙、邯郸的磁县等有 11 个雨量观测站点过程降水量超过 600mm(表 1.1),最大过程降水量 816.7mm(赞皇嶂石岩),过程的最大雨强出现在邢台的桥西区南大郭站,19 日 23 时雨强为 138.5mm/h。

**表 1.1　过程雨量 600mm 以上站点**

| 站名 | 市 | 县 | 雨量(mm) |
|---|---|---|---|
| 嶂石岩 | 石家庄 | 赞皇 | 816.7 |
| 陶泉乡 | 邯郸 | 磁县 | 783.3 |
| 杨家湾村 | 石家庄 | 平山 | 721.6 |
| 徐汉村 | 石家庄 | 井陉 | 700.6 |
| 代家沟 | 石家庄 | 元氏 | 667.8 |
| 南高家峪 | 石家庄 | 井陉 | 659.1 |
| 南王庄 | 石家庄 | 井陉 | 644.4 |
| 祖山 | 秦皇岛 | 青龙 | 627.4 |
| 苍岩山 | 石家庄 | 井陉 | 617.8 |
| 天长 | 石家庄 | 井陉 | 611.1 |
| 尖山西沟 | 石家庄 | 赞皇 | 608.8 |

北京降水时段为 19 日 02 时—22 日 00 时,全市平均降水量 219.5mm,最大降雨出现在门头沟东山村 453.7mm,最大雨强出现在昌平花塔,19 日 08—09 时 56.8mm/h。其中观象台(296.5mm)、朝阳(252.8mm)、海淀(320.5mm)、丰台(314.2mm)、石景山(315.1mm)、斋堂(229.5mm)、房山(381.5mm)、霞云岭(342.4mm)、大兴(311.4mm)共 9 个国家级气象站 7 月 20 日 24h 降水量突破历史极值。

天津强降水主要集中在 7 月 19 日 23 时—20 日 16 时。19 日 20 时—20 日 20 时,24h 全市平均降水量 185.9mm,为 1961 年以来全市日平均最大降水量,各区县降水量在 135.7(蓟县)～247.3(市区)mm 之间,其中,市区、东丽突破历史单日降水量极值。全市出现大暴雨 261 站,占 90.94%;特大暴雨 7 站,占 2.44%。甲寺在 14—15 时降雨 77.7mm/h,同时该站以 359.1mm 的降水量成为此次降水的极值。此外,11 个区中 8 个区(武清、宁河、静海、西青、北辰、东丽、津南和滨海新区全境)出现大风(瞬时风速 17.1m/s 以上)。

本次降水过程暴雨出现范围为历史最大,多站日降水突破历史极值。河北共有124 个县(市)出现暴雨,84 个县(市)出现大暴雨,仅 7 月 20 日当天就有 119 个县(市)出现暴雨,为历史单日暴雨范围最大。与"63·8"、"96·8"、"7·21"强降水过程相比,平均雨量、100mm 以上降雨范围、过程最大降水量,均超"7·21"和"96·8",其过程雨量仅次于"63·8",但暴雨出现范围最大(图 1.3)。

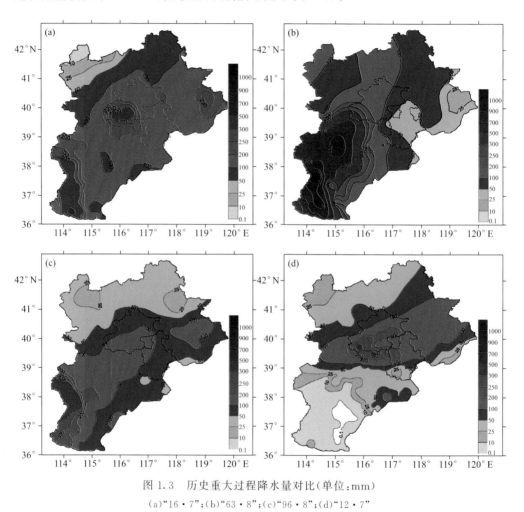

图 1.3 历史重大过程降水量对比(单位:mm)

(a)"16·7";(b)"63·8";(c)"96·8";(d)"12·7"

使用国家站(历史资料无区域自动站)对历史四次强降水过程进行统计(表1.2),"16·7"特大暴雨过程影响区域最大(124 县市),大暴雨站数最多(117 个)。过程平均雨量仅次于"63·8"暴雨,但"63·8"暴雨过程持续了 10d,而此次"16·7"特大暴雨持续 4d。

表 1.2 四次强降雨过程情况对比表

| 过程日期 | 日数 (d) | 平均雨量 (mm) | 过程降水量大于 100mm 的站数 (个) | 暴雨影响区域 (县市) | 过程极值 | |
| --- | --- | --- | --- | --- | --- | --- |
| | | | | | 降水量(mm) | 站名 |
| 2016-07-19—22 ("16·7") | 4 | 148.7 | 117 | 124 | 449.7 | 井陉 |
| 2012-07-21—22 ("12·7") | 2 | 60.2 | 26 | 35 | 364.4 | 固安 |
| 1996-08-03—06 ("96·8") | 4 | 122.4 | 79 | 91 | 470.7 | 井陉 |
| 1963-08-01—10 ("63·8") | 10 | 321.4 | 59 | 58 | 1187.3 | 赞皇 |

降雨强度大,强降水持续时间长,山区最为明显(图 1.4)。本次过程中,京津冀

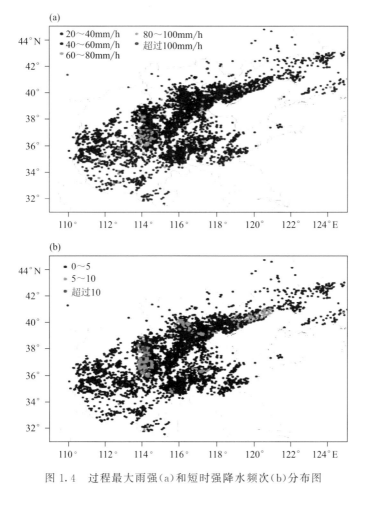

图 1.4 过程最大雨强(a)和短时强降水频次(b)分布图

大部分县市均有短时强降水出现,最大雨强超过50mm/h的地区主要集中在河北西南部及东北部,邯郸的磁县、邢台市区、邢台县及石家庄的赞皇和平山5个县(市)的6个气象雨量观测站最大小时雨强超过100mm/h,其中河北邢台南大郭雨强最大达138.5mm/h。

河北省大部分地区降水持续时间均超过了24h,特别是位于河北中部的石家庄西部、保定西部降雨持续时间普遍超过了48h,个别地点降雨持续时间达到了87h。过程中有23个雨量观测站强降水的时间在10h以上,主要分布在太行山山区的元氏、井陉、赞皇、临城、磁县等县(市)和燕山山区的青龙。

降雨强度大,来势凶猛。京津冀地区小时雨强超过20mm/h的站次有4637个,小时雨强超过50mm/h的站次共有237个,小时雨强超过100mm/h的站有6个。强降水来势凶猛,小时雨强大于20mm/h且持续10h以上的站有22个,持续时间最长的元氏县代家沟站达15h。日最大降水量突破历史极值的18个县(市/区)为涿州(257.5mm)、安新(205.3mm)、徐水(190.4mm)、献县(189.6mm)、霸州(181.4mm)、容城(167.7mm)、清河(134.4mm)、观象台(296.5mm)、朝阳(252.8mm)、海淀(320.5mm)、丰台(314.2mm)、石景山(315.1mm)、斋堂(229.5mm)、房山(381.5mm)、霞云岭(342.4mm)、大兴(311.4mm)、天津(247mm)、东丽(212mm)。

强降水覆盖范围广,降水量100mm以上面积为有气象记录以来最大。此次强降水过程京津冀地区有169个县(市)降水量超过50mm,149个县(市)超过100mm,大于200mm的站有48个。100mm以上覆盖范围达11.5万km²,超过"63·8"特大暴雨洪涝灾害。其中仅7月20日一天就有152个县(市)降水量达到暴雨量级,为有气象记录以来单日暴雨范围之最。

疾风骤雨交加,致灾严重。与此次特大暴雨灾害同时伴生的还有7～8级强风,邯郸等地最大风力达9级,大量树木被强风吹倒,农作物倒伏,狂风引发的雨水倒灌导致大量房屋进水。河北省海区出现了9～10级大风,秦皇岛海区出现风暴潮,沧州海区逼近警戒潮位。

"16·7"特大暴雨过程使石家庄西部、邢台中西部、邯郸中西部、保定西南部和秦皇岛北部山洪暴发,河水猛涨,水库爆满,宁晋泊、大陆泽和永年洼蓄滞洪区被迫启用,给当地基础设施、工矿企业、公益设施、农业生产及家庭财产等造成严重损害。

此次过程影响范围广、影响行业多、受灾人口多、经济损失重,共造成河北省142个县(市、区)1043.561万人受灾,紧急转移安置人口41.802万人,需紧急生活救助人口7.678万人,农作物受灾面积89.034万hm²,农作物绝收面积11.567万hm²,倒塌房屋10.499万间,严重损坏房屋12.498万间,一般损坏房屋33.260万间,全省直接经济损失约574.57亿元(张迎新等,2016;陈小雷,2017)。多条河道出现洪水。河北省的子牙河系、漳卫南运河系、大清河系36条主要河流相继暴发洪水,洺河临洺关半小时的洪水流量由 6.2m³/s 暴涨到 2450m³/s,一个半小时达到 5710m³/s,相当于 50a 一遇;清漳河观台一个半小时内洪水流量由 44.3m³/s 猛增至 1025m³/s,5h 达到最大的 5200m³/s,是该站历史第四位的洪水(陈小雷等,2017)。

## 1.2　过程阶段性特征

考虑 19 日 17 时河北南部开始受气旋外围云系的影响,同时参考逐小时强降水站次对"16·7"特大暴雨过程主要降水时段进行划分(图 1.5),我们将"16·7"特大暴雨过程分为前后两个阶段,第一阶段为 19 日 02—17 时,第二阶段为 19 日 17 时—21 日 08 时,因 21 日 09 时—22 日 08 时,降水主要是气旋内部的局地降水,本节不分析此阶段的降水特征。在第二阶段由于产生降雨影响系统的不同,我们又细分为了 19 日 17 时—20 日 02 时、20 日 02 时—21 日 00 时、21 日 00—08 时三个时段。

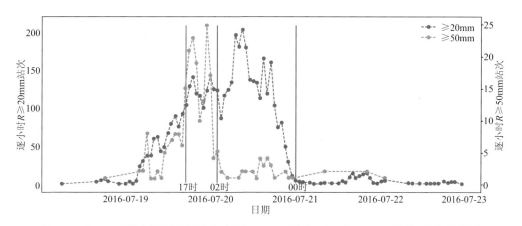

图 1.5　"16·7"特大暴雨过程逐小时 $R \geqslant 20$mm(蓝线)和 $R \geqslant 50$mm(绿线)站次分布图

### 1.2.1　第一阶段降雨演变

19 日 02 时开始,邯郸的临漳附近率先出现强降雨云团,19 日 04 时临漳西部的香菜营乡、孙陶镇、狄邱乡、南东坊镇降水量达到 50mm。此后强降雨云团逐渐西进北推,到 07 时,50mm 以上降雨已经基本覆盖邢台市区、邯郸市区、磁县西部和北部、临漳西部等地,邯郸市区的果园北雨量达到 126.7mm,此时磁县的陶泉乡也达到 55.6mm。07—10 时陶泉乡降水量迅速增加至 201mm,其中 07—08 时雨强达到 73.1mm/h。同时在偏东风与地形作用下,平山、灵寿、阜平雨势也明显加强,至 10 时,平山北部、灵寿北部、阜平雨量普遍在 50mm 以上,阜平的天生桥镇不老树雨量达到 107.4mm。

12 时前后降雨区的动力作用和水汽输送大大增加,此时降雨由前期分散的局地降雨转变沿太行山东麓南北带状的强降雨,降水强度也呈增大的趋势。由于强降雨云团稳定维持在石家庄西部、邢台西部、邯郸西部等地,井陉的苍岩山、南高家峪、徐汉村,平山的杨家湾村,赞皇的嶂石岩、磁县的陶泉乡降水量迅速增加,仅 17 时太行山东麓共有 114 个站雨强超过了 20mm/h,其中赞皇的嶂石岩最大雨强达128.1mm/h,第一阶段降水量分布如图 1.6 所示。

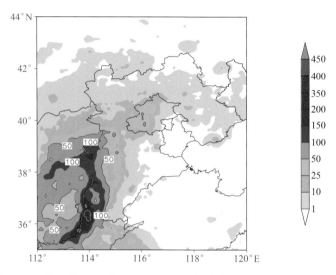

图 1.6　第一阶段(7 月 19 日 02—17 时)降水量分布图(单位:mm)

总体来看,第一阶段雨区逐渐由南向北进入河北,进而影响北京以及河北中西部,在这个阶段降水强度和强降水的区域都是逐渐增大。如果我们将第一阶段降雨再细分为三个时段,19 日 02—07 时、19 日 07—12 时和 19 日 12—17 时,从第一时段到第二时段是雨区向北推进过程,强降雨逐渐由零散分布变为成片分布,整体位于山前平原以及浅山区,而从第二时段到第三时段雨区范围并没有太大的变化,但是强降雨区向更高的山区发展,主要位于 400～800m 山腰处。从降水量和地形的剖面图来看(图 1.7),第三时段山区与平原降雨存在明显梯度变化,山区平均降水量超过了50mm,而平原地区不足 5mm,地形与降雨强度和分布有密切关系。

## 1.2.2　第二阶段降雨演变

从 19 日 17 时开始,气旋外围的螺旋雨带开始影响河北南部地区,我们把 19 日17 时—21 日 08 时降雨结束均统称为降雨的第二阶段,即为气旋降水阶段(图 1.8)。

19 日 17 时—20 日 02 时这个时段可以视为 19 日 12—17 时降雨阶段的延续,这个时段的降雨大值区仍处于太行山东麓。受地形与气旋外围的螺旋雨带共同影响,石家庄西部、邢台、邯郸迎来了最强降雨时段,50mm/h 以上的雨强超过了 100 站次,井陉的苍岩山、南高家峪、徐汉村,平山的杨家湾村,赞皇的嶂石岩、磁县的陶泉乡累

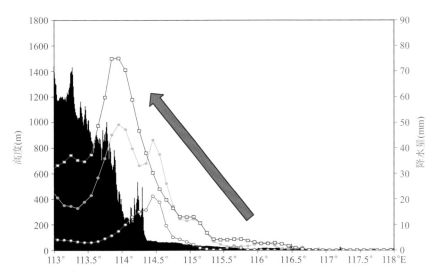

图 1.7　第一阶段三个时段 36°—40°N 累积降水量(单位：mm)及
38°N 地形(黑色阴影,单位：m)剖面图

(首先计算 36°—40°N 每个时次、每个经度的平均降水量,然后再计算每个时段的累积降水量。

红色折线为 19 日 02—07 时累积降水量;绿色折线为 19 日 07—12 时累积降水量;

蓝色折线为 19 日 12—17 时累积降水量)

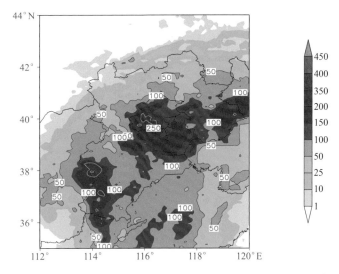

图 1.8　第二阶段(7 月 19 日 17 时—21 日 08 时)降水量分布图(单位：mm)

计降水量均已经超过 400mm。

　　20 日 02 时后,邢台、邯郸两地的降雨开始减弱。08 时后,石家庄地区降雨也开始
减弱,14 时中南部地区降雨过程基本结束。磁县陶泉乡降水量达到 783.7mm,平山的
杨家湾村达到 722mm,赞皇的嶂石岩达到 721mm,井陉的徐汉村达到 700.7mm。

20日02时,在河北西部地区降水开始减弱的同时,在低涡东部和北部的偏东气流影响下,新的强降雨云团在邢台东部生成,并呈螺旋雨带一路加强北上。20日09时,强降雨到达保定易县附近,该地强降雨持续到20日20时。20日14时达到秦皇岛的青龙附近,该地强降雨一直持续到21日凌晨。该强降雨云团在北移加强的过程中横扫衡水、沧州中东部、保定东部、廊坊、北京、天津、唐山北部、秦皇岛大部,造成上述地区普遍出现100mm以上降雨,其中青龙的祖山出现631.6mm降雨。

这一时段强降雨范围最广,平原大部分地区均出现了暴雨以上的降雨天气,7月20日国家站有41站次达到大暴雨量级,位列河北历史大暴雨站次排行的第一名,远远超过第二名(19站)。

此时段降雨回波形态表现为缓慢北上涡旋状回波,降水量相对于第一阶段要更为均匀,但降雨分布与地形仍关系密切,强降雨区域集中在平原至燕山的过渡带以及地形陡峭的地区,这与第一阶段略有不同。

第二阶段的两个时段(19日17时—20日02时、20日02时—21日00时)是"16·7"特大暴雨过程降水量最大的两个时段,但两个时段降雨特征却有着明显不同(图1.9),为更好地进行表述,本章把19日17时—20日02时称为气旋外围云系影响时段,把20日02时—21日00时称为气旋主体云系影响时段。

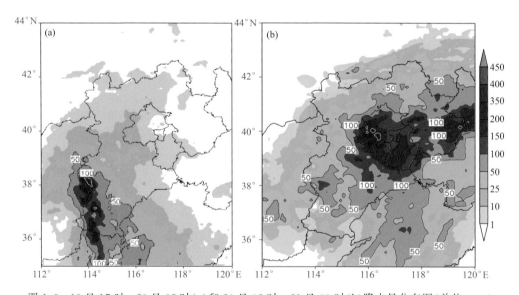

图1.9　19日17时—20日02时(a)和20日02时—21日00时(b)降水量分布图(单位:mm)

气旋外围云系影响时段京津冀共有2801站出现降雨,而气旋主体云系影响时段则为3222站;气旋外围云系影响时段,共有474站出现了1228站次≥20mm的降雨,而气旋主体云系影响时段,共有1186站出现了2547站次≥20mm的降雨;无论从持续的时间还是从影响的范围,第一时段都明显逊色于第二时段,但是气旋外围云系影响时段在 9 个小时内共有 110 站出现了 152 站次≥50mm 的降雨,而气旋主体云系影响时段持续了 22 个小时,有 26 站出现了 30 站次≥50mm 的降雨。

最后一个时段从 21 日 00—08 时,历时 8 个小时,是过程的尾声阶段,该时段降雨位于河北省东北地区,但降水区域和强度都明显弱于前期,降水趋于结束。河北省东北地区共有 23 个气象观测站降水量大于 50mm,其中仅承德平泉的许杖子村降水量大于 100mm。

## 1.2.3　小结

以 19 日 17 时为界,"16·7"特大暴雨过程的主要时段可分为两个阶段,第一阶段为 19 日 02—17 时,第二阶段为 19 日 17 时—21 日 08 时。

第一阶段为降雨发展阶段,降水强度和强降水的区域都是逐渐增大。强降雨逐渐由零散分布变为成片分布,整体由山前平原以及浅山区向更高的山区发展,山区与平原降水量存在明显差异。

第二阶段为降雨最强盛阶段,降雨回波形态表现为缓慢北上涡旋状回波,强降雨范围覆盖整个平原地区,降水量相对于第一阶段要更为均匀,但降雨分布与地形仍关系密切,强降雨区域集中在平原至燕山的过渡带以及地形陡峭的地区。

# 1.3　降水中尺度时变特征

由图 1.4b 可见,太行山区、燕山山区出现短历时强降水(20mm/h)频次可达 10～15 次,中尺度特征明显。下面主要分析降水的时变特征。

## 1.3.1　小时雨强的时变特征

太行山区的强降水于 7 月 19 日 02 时开始,东部燕山山区开始于 7 月 20 日 07 时左右。两地的雨型(降雨强度随时间的变化)特征表现出了一定的差异性。西部太行山区降雨强度随时间变化表现为"小—大—小—大—小"的变化特征,且多数地区降雨过程呈现出双峰雨的特征,且主雨峰位置偏后(图 1.10)。有 22 个县市持续 10h 以上雨强大于 20mm/h,最长达 15h,表现出了来势猛,强降雨持续时间长。这种特性的强降雨过程致灾性更强,导致石家庄、邢台、邯郸西部山区出现严重洪涝、山洪、滑坡等灾害,给人民生活和生命财产造成重大损失。

东部燕山山区降雨过程主要为单峰雨(图 1.11),呈现出降雨从开始强度就很大的特点。平原地区降雨过程主要以单峰雨为主(图 1.12),其过程累积雨量、小时雨强明显弱于西部山区和燕山山区。廊坊永清 21 日 14—15 时的降水是由于气旋内部局地对流造成的(详见第 2 章)。

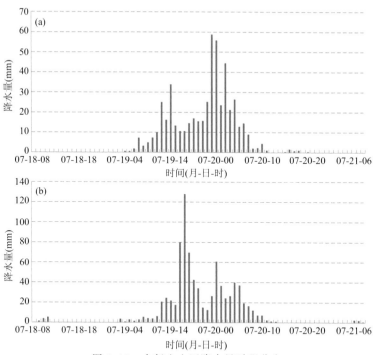

图 1.10　太行山山区降水量时程分布

(a)石家庄赞皇县嶂石岩;(b)邢台市太子岩

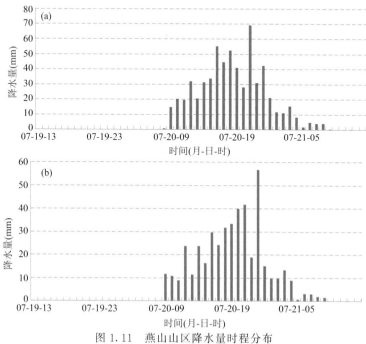

图 1.11　燕山山区降水量时程分布

(a)秦皇岛市青龙县祖山下;(b)秦皇岛市青龙县花场峪

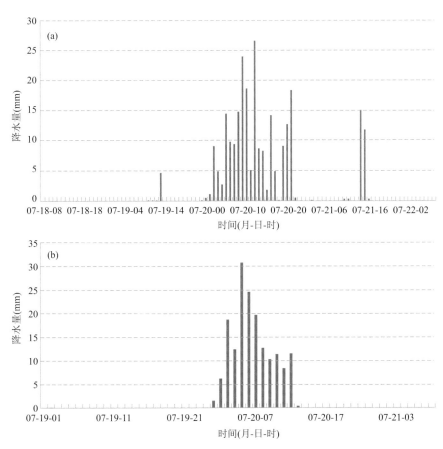

图 1.12　中部平原降水量时程分布

(a)永清；(b)沧州青县陆官屯

## 1.3.2　分钟雨强的时变特征[①]

(1)井陉

井陉国家站过程降水量为 433.4mm,主要分为三个阶段:19 日 00:48—07:30 为间断性阵雨,19 日 07:30—20 日 14:18 为持续性降雨,20 日 14:18—21 日 08:00 为间断性阵雨。

图 1.13 为井陉 6min 雷达回波和对应降水量的时间演变,依据袁美英等(2010)以分钟降水大于 0.5mm(6min 降水大于 3mm)连续降水为集中降水时间(中尺度雨团持续时间),可以看出,6min 雨量大于 3mm 的时段主要分布在 19 日 15:00—17:45、19 日 20:00—21:00、19 日 23:00—20 日 01:00。此三个时段中呈现出 12 个中尺

---

①　图 1.13—1.14 由石家庄气象局李国翠提供。

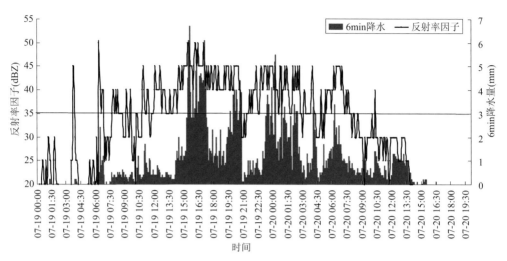

图 1.13　19 日 00 时—21 日 20 时井陉的反射率因子(曲线)和 6min 降水量(柱状)随时间演变

度雨峰,也就是说,每一个中尺度雨峰中又含有一峰或多峰中尺度分布,体现了中尺度降水特征。对应井陉上空 6min 一次的雷达组合反射率因子(曲线),3 段强降水持续期间对应的反射率因子为 45～50dBZ,回波顶高 8～11km(图略),回波持续较强且回波发展深厚。

（2）元氏代家沟

元氏的代家沟(B0645)自动站过程降水量为 667.6mm,降雨分为三个阶段:19 日 00:30—07:30 为间断性阵雨,19 日 07:30—20 日 14:48 为持续性降雨,20 日 14:48—21 日 01:12 为间断性阵雨。

图 1.14 为元氏代家沟 6min 雷达回波和对应降水量的时间演变,分析可以看出,组合反射率因子最大值为 55dBZ。

同样呈现出强降水时段中出现中尺度雨峰,也就是说,每一个中尺度雨峰中又含有一峰或多峰中尺度分布,体现了中尺度降水特征。19 日 13:36—17:00(除 15:12—15:18 和 16:00—16:06 两个体扫)和 18:48—19:54 6min 降水量大于 3mm,期间组合反射率因子 40～55dBZ,回波顶高 8～9km。其中 14:18—14:24 和 16:48—16:54 两个时段 6min 降水量分别为 13.6 和 13.5mm,对应的组合反射率因子 50～55dBZ,回波顶高 8～9km。测站上空的组合反射率因子也同样出现中尺度峰值。

## 1.3.3　小结

从小时雨强来看,太行山区的强降水多呈现出双峰雨的特征,且主雨峰位置偏后;东部燕山山区降雨呈单峰型,降雨从开始强度就很大;平原地区也为单峰型,其过程累积雨量、小时雨强明显弱于太行山区和燕山山区。

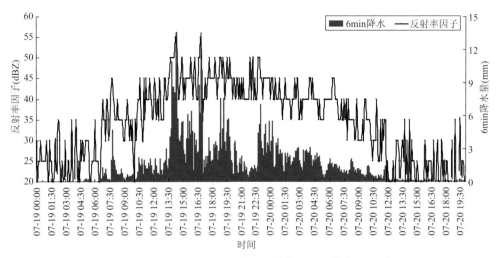

图 1.14　19 日 00 时—21 日 20 时元氏代家沟的反射率因子（曲线）和
6min 降水量（柱状）随时间演变

从分钟雨强来看，太行山区的降水大致可分为间断性阵雨、持续性降雨、间断性阵雨三个阶段，在每个小时雨强的峰值中往往也存在一峰或多峰中尺度分布。

# 第 2 章 天气系统及其演变

## 2.1 天气系统的演变

华北 2016 年"16·7"特大暴雨过程持续时间长,可分为三个阶段:槽前降雨阶段、低涡外围螺旋雨带影响阶段、低涡中心附近降雨影响阶段。分析各阶段的系统发展演变和雨带特征表明,整个过程是以西风槽加深发展形成低涡并长时间影响华北区域为典型特征的。

### 2.1.1 第一阶段影响系统

7 月 18 日夜间—19 日白天,500—700hPa 河套西风槽加深发展,并逐渐在河南和山西出现闭合低涡中心,我国西南至华北地区均受西风槽前、副高西侧偏南气流影响,并出现低空急流(图 2.1a—b、图 2.2a—b、图 2.3)。西风槽前黄淮至江淮有东西向切变线。850hPa 四川盆地有西南涡,涡东侧华北南部和江淮一带有东北—西南向

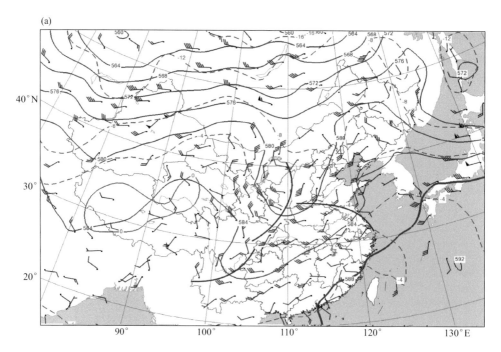

(b)

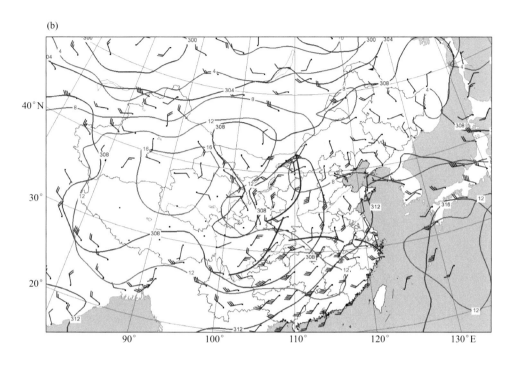

(c)

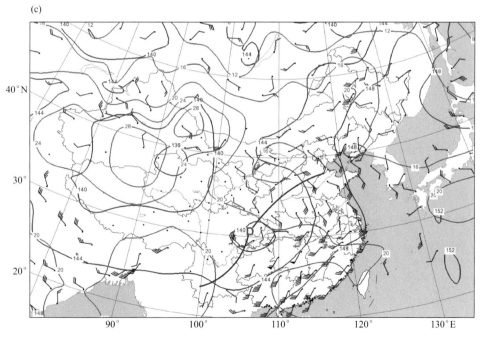

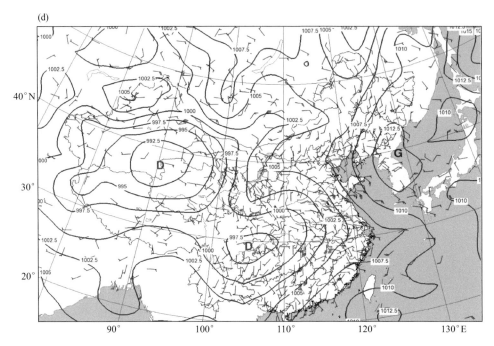

图 2.1  2016 年 7 月 19 日 08 时 500hPa(a)、700hPa(b)、850hPa(c)和地面(d)形势

和东西向两条切变线逐渐北抬(图 2.1c、图 2.2c、图 2.3)。地面处于高压后部和倒槽顶部(图 2.1d、图 2.2d)。华北低层为偏东风,且随高度顺转为西南风,有暖平流;700—850hPa 均处于显著湿区,地面露点 22~25℃。

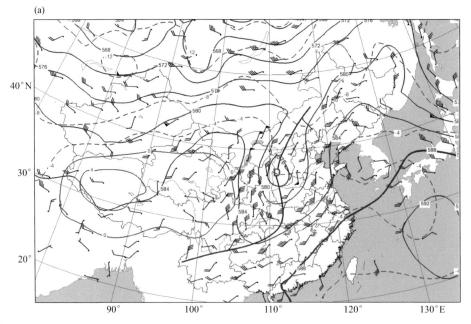

(b)

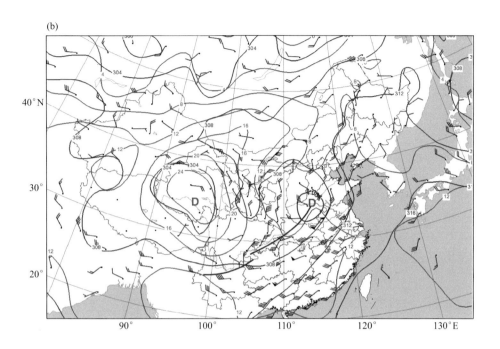

(c)

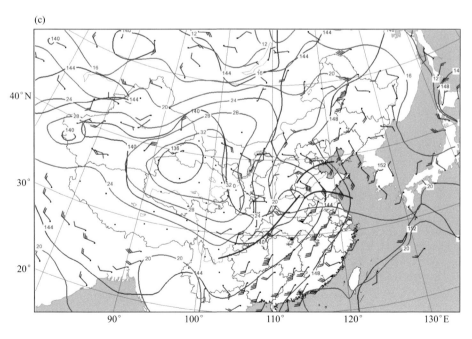

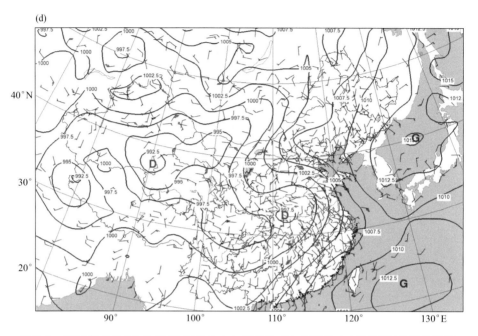

图 2.2　2016 年 7 月 19 日 20 时 500hPa(a)、700hPa(b)、850hPa(c)和地面(d)天气系统

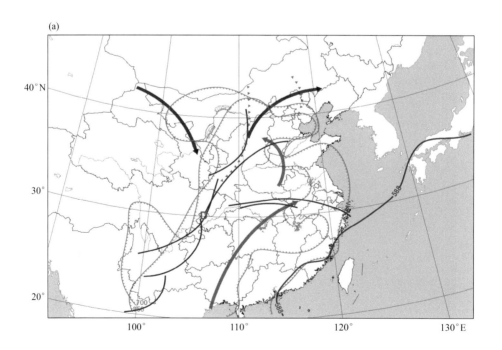

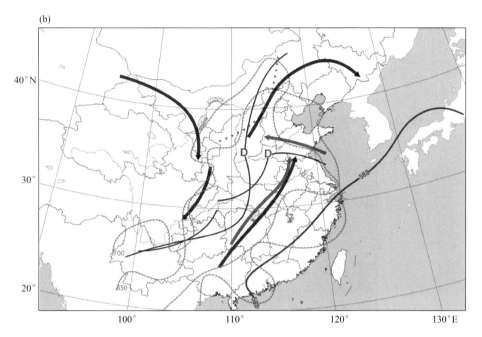

图 2.3　2016 年 7 月 19 日 08 时(a)和 20 时(b)高低层系统配置

## 2.1.2　第二阶段影响系统

7 月 19 日夜间至 20 日白天,在山西、河北和河南三省交界处 500—850hPa 低涡迅速加强,形成大范围闭合低涡(500hPa:5760gpm;850hPa:1345gpm)(图 2.4a—c,图 2.5a—c),副热带高压西界伸至我国华东—华南一带,受副高和北侧高压脊阻挡,低涡系统在华北上空停滞。地面与之对应为气旋加强发展的过程:气旋中心经河南西部和北部、河北南部向北推至京津交界一带,移动过程中气旋中心气压不断降低,20 日 08 时位于河北南部时,海平面气压最低达到 991hPa(图 2.4d),高空低涡与地面气旋中心位置基本重合,强度均加强至最强状态,发展成为一个近乎直立、深厚的低涡系统(图 2.5、图 2.6)。低涡前侧的暖切变影响河北南部至天津一带。同时在暖切变线附近出现了西南风、东南风和偏东风三支气流异常增强,850hPa 最大风速达到 28m/s,700hPa 最大风速达到 30m/s,且低空急流范围不断扩大,前端向华北推进。500hPa 低涡后侧也出现了 20m/s 偏北风。19 日夜间至 20 日白天华北上空形成闭合完整的低涡环流以及大范围的涡旋雨带,华北地区的暴雨就主要出现在这一阶段,因此,此次极端暴雨过程与低涡系统的形成、移动并强烈发展过程密切相关。

(a)

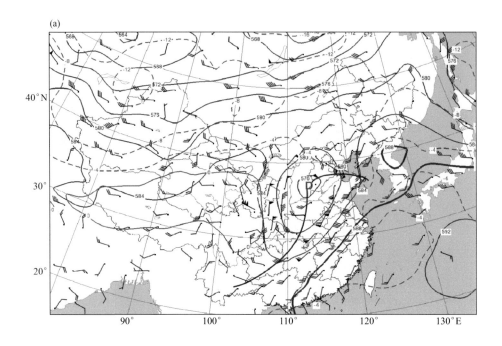

(b)

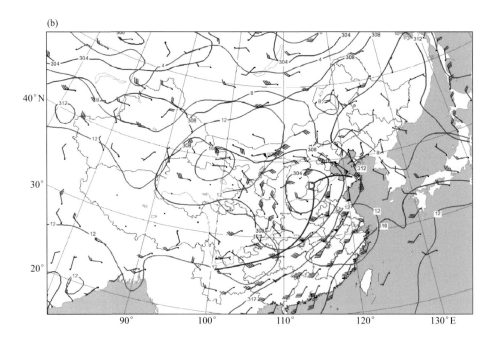

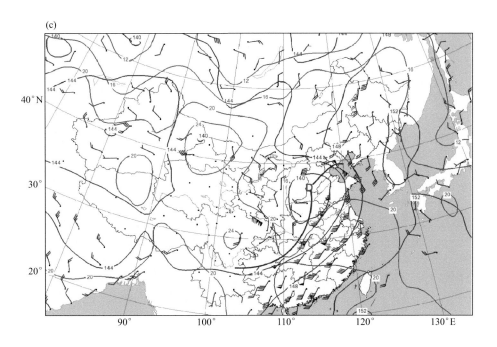

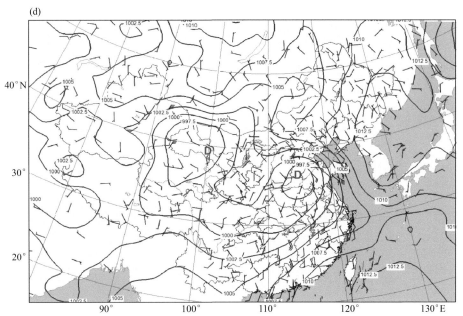

图 2.4　2016 年 7 月 20 日 08 时 500hPa(a)、700hPa(b)、850hPa(c)和地面(d)形势

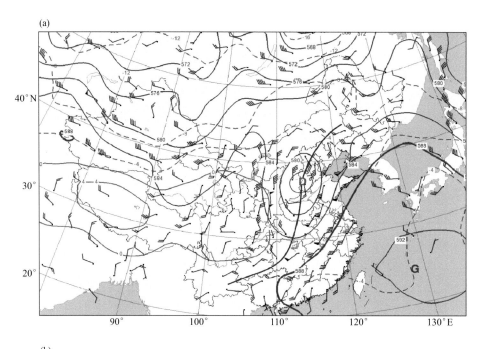

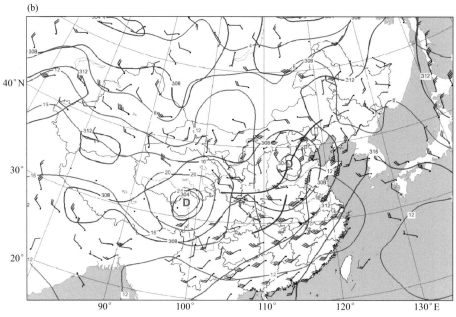

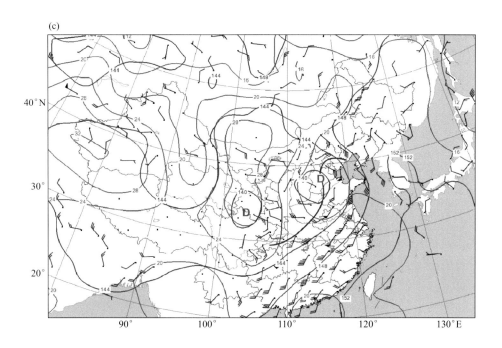

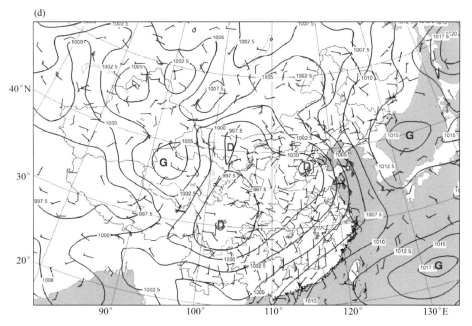

图 2.5　2016 年 7 月 20 日 20 时 500hPa(a)、700hPa(b)、850hPa(c)和地面(d)形势

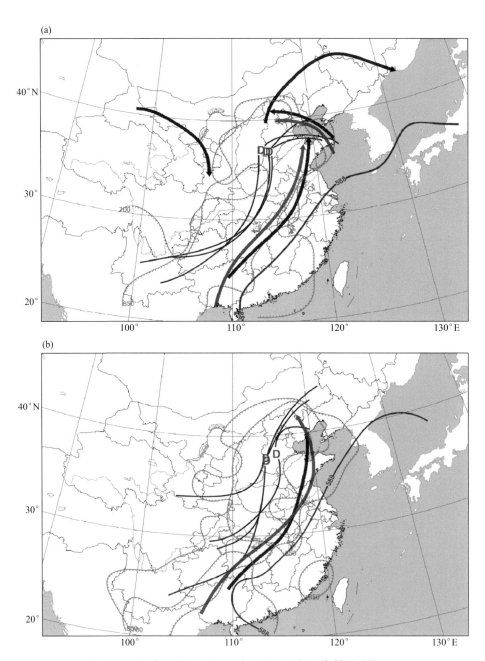

图 2.6  2016 年 7 月 20 日 08 时(a)和 20 时(b)高低层系统配置

### 2.1.3  第三阶段影响系统

7 月 20 日傍晚,500—700hPa 低涡中心强度已经减弱,位于 40°N 河北西部,华北大部已经处于低涡中心控制,与之对应的 850hPa 和地面气旋的闭合中心已经消失,仅存 850hPa 的暖切变影响河北北部(图 2.7a—d、图 2.8)。低空急流向东部渤海湾一带发展,华北地区风速开始处于减弱过程(图 2.8)。这一阶段的降雨表现为涡旋雨带经过华北北部继续向辽宁推进,华北东部地区受低涡中心附近窄带降雨回波或分散对流的影响,因此,这一阶段是此次暴雨过程的减弱和结束阶段。

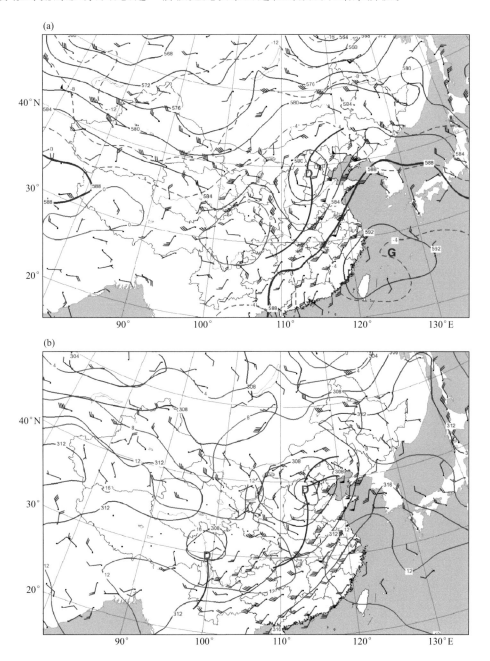

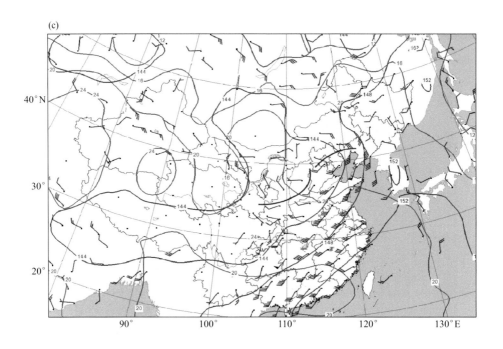

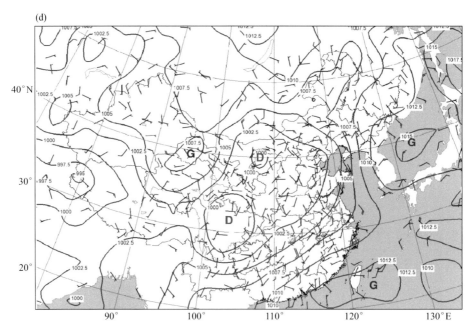

图2.7 2016年7月21日08时500hPa(a)、700hPa(b)、850hPa(c)和地面(d)形势

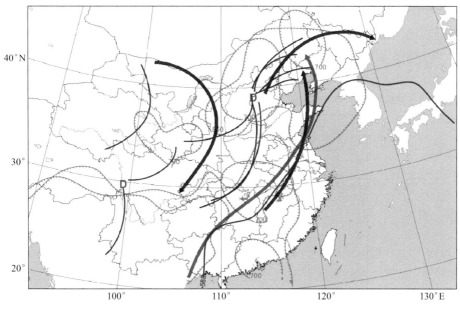

图 2.8　2016 年 7 月 21 日 08 时高低层系统配置

## 2.1.4　小结

"16·7"特大暴雨过程持续时间长,按大尺度天气系统演变主要分为三个阶段。第一阶段受河套西风槽槽前偏南低空急流影响,降雨逐渐开始并加强,为槽前降雨阶段。第二阶段高空槽显著加深,并形成大范围深厚的闭合低涡系统(地面加强发展为气旋),该系统东移北上并停滞在华北地区,低涡外围低空急流中形成螺旋雨带,造成多地极端暴雨天气,是这次华北暴雨过程的主要阶段。第三阶段低涡中心控制华北,但系统强度逐渐减弱,是暴雨过程的减弱和结束阶段。

# 2.2　低涡发展的热动力机制[①]

从前面的分析可见,高空槽发展成低涡后,低涡系统随时间推演逐渐东移北上,并且出现了显著的发展及长时间维持。因此关键问题是对于低涡系统发展演变的热动力机制的探讨。

## 2.2.1　低涡系统的垂直结构

通过 2.1 节的分析,低涡系统在移动过程中,强度发生了显著变化。事实上,垂

---

① 引自雷蕾等(2017)

直结构也发生了明显变化。从 19 日 08 时低涡开始发展时刻追踪低涡的垂直结构演变(图 2.9)可见:19 日 08 时开始,600hPa 以下及 300hPa 高度上均有正涡度的增强发展,中心位置分别位于 114°—115°E 及 105°—110°E 上空,西侧系统略强,涡柱覆盖范围较广。随后两个涡度系统逐渐合并,并且高空 300hPa 的正涡度中心强度明显增强并逐渐向东移动,20 日白天东移至 113°—114°E,而低层最大正涡度中心不断加强,并稳定在 114°—115°E 少动,高低空正涡度柱逐渐垂直,演变成一个近乎直立的涡柱,涡柱水平范围逐渐收缩,整层涡度强度增强。

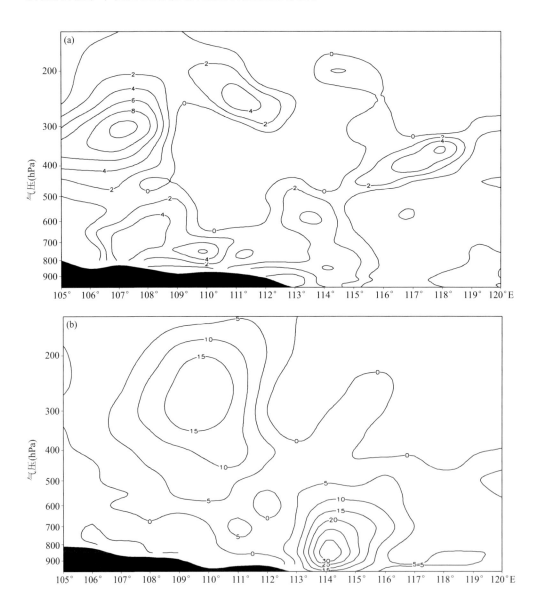

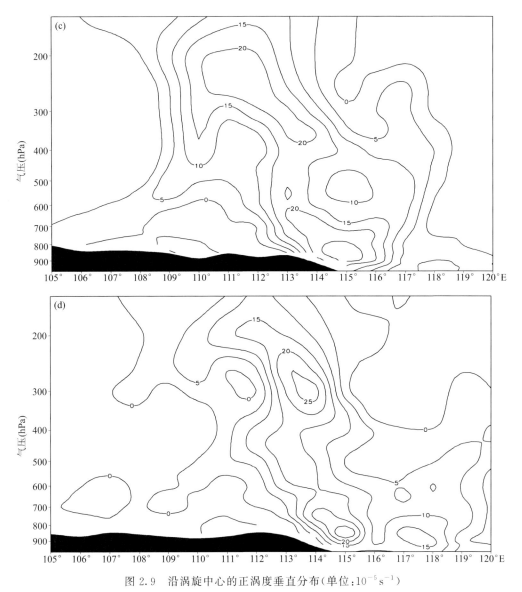

图 2.9　沿涡旋中心的正涡度垂直分布(单位:$10^{-5}\text{s}^{-1}$)

(a)19 日 08 时沿 34°N;(b)19 日 20 时沿 35°N;(c)20 日 08 时沿 37°N;(d)20 日 14 时沿 38°N

　　进一步分析区域(20°—45°N,100°—120°E)各层最大涡度随时间的演变发现(图 2.10):各层最大正涡度中心从 19 日 14 时后显著发展,高层 200hPa 的涡度值与低空 850hPa 的涡度值两者增强最为显著,而 500hPa 和 700hPa 的涡度值强度变化幅度相对较小。从发展演变时间来看,200hPa 的涡度值开始明显增强的时间较早(19 日 08 时),此后,500hPa、850hPa 和 700hPa 的涡度值才开始出现增大,并且 850hPa 涡度值增长幅度最为明显。因此,200hPa 的高空低压槽系统事实上是先于中下层低涡系统

31

发展的,并且对于850hPa的低值系统影响更为显著,从这个角度说低层低涡的发展存在高层异常指示信号。

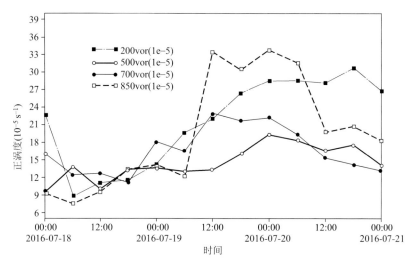

图2.10　18日08时—21日08时各标准等压面层(200、500、700、850hPa)

最大正涡度随时间变化曲线(单位:$10^{-5}\,\mathrm{s}^{-1}$)

### 2.2.2　200hPa高空槽系统的演变

7月18—20日45°—50°N(新疆北部)200hPa有冷空气东移,其冷中心(−56℃)范围于18—19日明显扩大,(38°—45°N,100°—105°E)区域存在明显的冷平流,19—20日200hPa高空槽在110°E附近明显加深发展并切断出低涡系统且维持超过24h(图2.11)。由冷暖平流的垂直分布(图2.12a)可以看出,19日08时该高空槽前后的冷暖平流在200—300hPa达到最强,也就是说强烈发展的斜压动力学过程是对流层

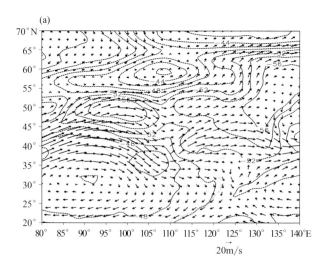

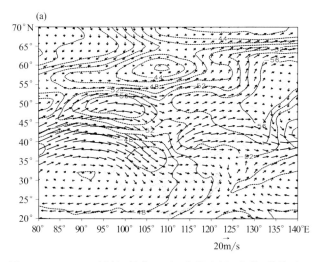

图 2.11　200hPa 风场(单位:m/s)和温度场(虚线,单位:℃)

(a)19 日 08 时;(b)19 日 20 时

上层高空槽早期加深发展的主要动力学机制。随着高空槽的加深发展,20 日 02 时,槽区附近出现了正涡度的大值区,并且槽前出现正涡度平流的大值中心(4×$10^{-9}$s$^{-2}$),与此时的对流层低层 850hPa 低涡环流中心几乎重叠(图 2.12b)。

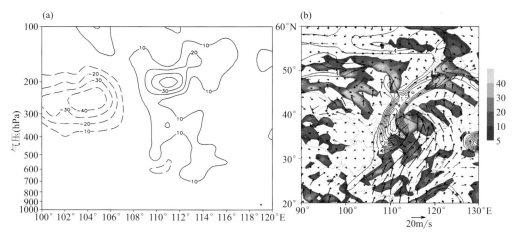

图 2.12　19 日 08 时冷暖平流沿 38°N 的垂直分布(a)和 20 日 02 时 200hPa 涡度(b)

((等值线,单位:$10^{-5}$s$^{-1}$)、正涡度平流(填色,单位:$10^{-10}$s$^{-2}$)、850hPa 低涡环流(风矢量单位:m/s))

### 2.2.3　高层位涡异常与低层低涡发展的关系

7 月 18 日,高空高位涡区位于 40°N 以北,地面气旋的中心气压变化不大。随着对流层高层低槽加深并向南伸展,高纬度平流层高位涡沿等熵面向南、向低层运动。由图 2.13 可见,19 日 14—20 时,200hPa 高度层上位涡≥1PVU 的区域向南、向下发展比较缓慢(6h 向南推进约 1 个纬距,向下推进约 15hPa);随后,出现快速向下、向南发展过程:19 日 20 时—20 日 02 时,位涡≥1PVU 的最低高度由 480hPa 向下迅速延伸到 650hPa,20 日 02—08 时,位涡≥1PVU 的区域由 32°N 推进到 29°N。这一加速过程发生在位涡柱开始上下贯通时(20 日 02 时)及随后 6h;对应地,20 日 08 时低层700—800hPa 的位涡加大到 2PVU,此时,850hPa 低涡与地面气旋对应的位势高度和

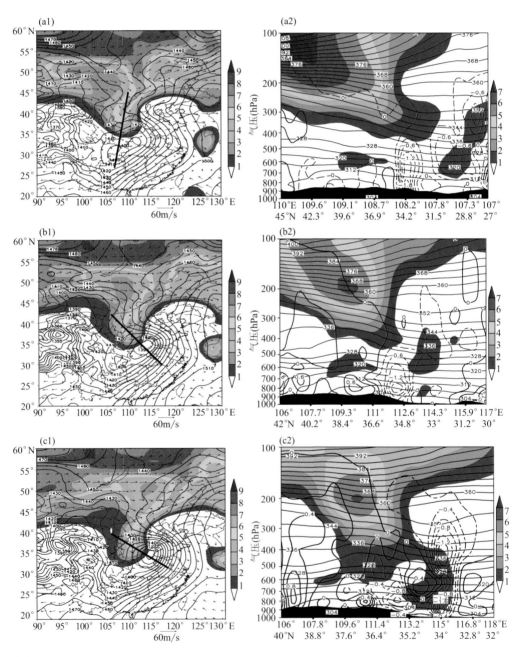

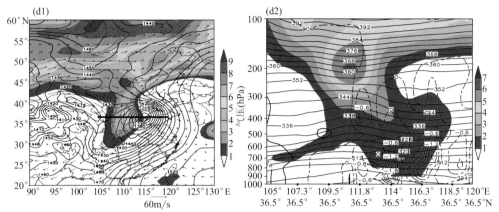

图 2.13 高空位涡(PV)与低层低涡的发展((a1)—(d1)200hPa 位涡(填色,单位:PVU=
$10^{-6}$($m^2$ · K)/(s · kg))、风场(单位:m/s)和 850hPa 位势高度(等值线,单位:gpm);
(a2)—(d2)沿高低空系统中心的位涡(填色,单位:PVU)、位温(细实线,单位:K)、垂
直速度(粗虚线为<0,代表上升运动;粗实线>0,代表下沉运动,单位:Pa/s)剖面,
剖面位置在左图中用黑色实线标示)
(a)19 日 14 时;(b)19 日 20 时;(c)20 日 02 时;(d)20 日 08 时

气压达到最低值。在位涡柱开始上下贯通时(20 日 02 时)低层位涡区的前侧垂直上
升运动显著增强,后侧为下沉运动区,这与 Santurette 和 Georgiev(2005)的概念模型
是一致的。

上述低层低涡新生、发展和移动,以及涡柱由倾斜结构演变为近乎直立结构的变
化等一系列特征,利用等熵位涡的思想可以得到解释(寿绍文,2010):当高纬度对流
层上部的位涡异常区向南发展过程中,逐渐与位于低空低值区北侧的锋区(对应 19
日 14 时(图 2.13a)850hPa 气旋北侧的等高线密集区)叠加,诱生出一个气旋性环流
并向下伸展(19 日 14 时,新生气旋的中心位于河南西部)。气旋性环流与中低层锋
区的共同作用造成气旋东南侧的暖平流迅速增强,这一过程可以从 19 日 20 时
850hPa 温度场与风场的分布以及 500hPa 气旋前侧暖脊迅速发展得到印证。强烈发
展的暖平流不仅造成低空气旋性环流本身的快速发展(对应于 19 日 14—20 时
850hPa 涡度强度快速增强),而且可能造成暖平流顶端诱发新生气旋性环流——从
现象上表现为气旋向东北偏北方向"移动"(本质上是气旋的发展传播过程);这一动
力学过程反过来又使高层的气旋性环流加强,造成 200—300hPa 高度上涡柱在东移
过程中不断增强(图 2.9),形成正反馈过程。这一正反馈过程一直延续至高低层的
异常区的轴线在同一垂直线上,即由倾斜涡柱演变为垂直涡柱。

### 2.2.4 低涡系统的热力性质与强降水造成的潜热释放

从不同时期低涡系统的温度场分布可以看到(图 2.14),对流层低层始终表现为明
显的斜压涡特征:北侧和西侧的冷空气对应东北风、北风,低涡东部为深厚的暖湿空气

对应低空西南风和东南风急流的强烈发展;而在低涡发展的盛期,500hPa 逐渐演变为近似暖心结构,斜压特征明显减弱。对流层中层为什么出现这种热力学结构的演变?

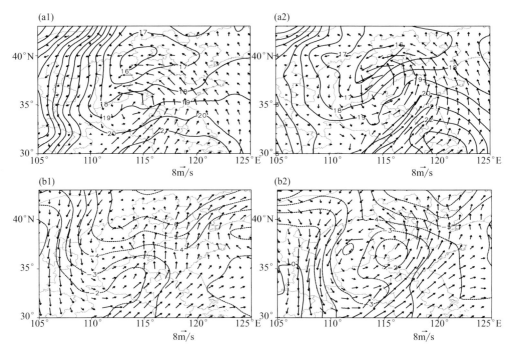

图 2.14　850(a)和 500(b)hPa 的风场(单位:m/s)和温度场(单位:℃)配置
(a1)、(b1)19 日 20 时;(a2)、(b2)20 日 08 时

　　伴随低涡系统的东移北上过程中,华北地区出现了大范围暴雨甚至极端特大暴雨,强降水必然产生强烈的潜热释放。过去的研究已经表明,这种强烈的非绝热加热作用有利于气旋式涡度的发展(孙淑清和纪立人,1986;张杰英等,1987),而且在大多数情形下,它对垂直涡度发展的贡献甚至比位涡水平分量(PV2)更大,起着主导作用(郑永骏等,2013)。从温度场的角度来看,实际降水强度的不均匀性将改变对流层中层的温度分布状况,由于潜热释放造成的升温作用主要发生在对流层中层,最终造成对流层低层与中层气温分布出现不同的演变趋势。

　　这次华北暴雨,既包含大尺度降水过程,也包含中尺度对流降水。利用实际观测资料完全区分两者造成的潜热,其估算是比较困难的。在此分别利用大尺度垂直运动、地面降水观测资料估算大尺度凝结潜热和对流潜热的分布。

$$H_{cs} \approx -L\omega\frac{\partial q_s}{\partial p} \qquad (2.1)$$

式(2.1)为大尺度垂直运动释放的凝结潜热量(换算成以℃/h 为单位的加热率需要计算 $H_s = H_{cs}/C_p \times 3600$),其中 $q_s$ 为饱和比湿(单位:kg/kg),$\omega$ 为垂直速度(单位:

Pa/s)(大尺度凝结潜热加热计算需要满足条件 $\omega<0,q/q_s>0.8,-\dfrac{\partial\theta}{\partial p}>0$)。

$$H_{cc}=RLg/(p_B-p_T) \tag{2.2}$$

式(2.2)为地面降水估算的凝结潜热量(换算成以 ℃/h 为单位的加热率需要计算 $H_c=H_{cc}/C_p\times3600$),其中,$R$ 为降水量(单位:mm),$L=2.5\times10^6\,m^2/s^2$,$g$ 为重力加速度;$p_B$、$p_T$ 为云底、云顶气压(单位:Pa),由探空确定。

为了便于比较,分别对饱和大气厚度层内的大尺度凝结潜热($H_{cs}$)、对流凝结潜热求云体厚度层的平均值,由式(2.1)可知,其分布特征与大尺度垂直运动分布是一致的;计算对流潜热($H_{cc}$)时,用某一时刻前 6h 的地面加密降水量资料计算出的平均降水量,其分布特征显然与地面降水分布完全一致。云体内平均加热估算结果表明,潜热释放对大气的加热效应是非常显著的(图 2.15),其中,19 日 20 时,由地面降水资料估算的潜热加热率中心最大值约为大尺度的 2 倍左右(大尺度潜热加热率约 3.5℃/h,对流潜热加热率约 7℃/h),这与梅雨锋上对流降水与大尺度降水的潜热估算对比的结果类似(岳彩军等,2002),表明这一阶段的降水过程存在较为强烈的对流活动;20 日 08 时之后,地面降水资料估算的潜热加热率中心与大尺度中心在落区分布上较为一致,在数值大小上接近(08 时两者中心量值为 5.5~6℃/h),表明这一阶段的降水主要以大尺度降水为主。

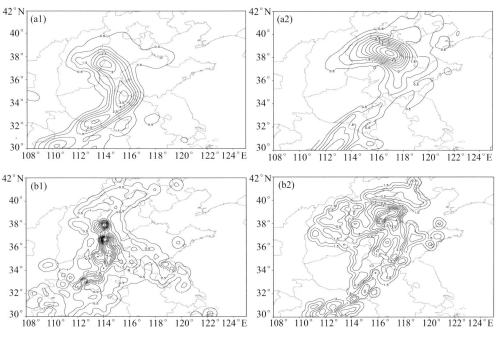

图 2.15　大尺度潜热加热率 $H_s$(a1、a2)和对流潜热加热率 $H_c$ 的分布(b1、b2)(单位:℃/h)

(a1)19 日 20 时 $H_s$;(a2)20 日 08 时 $H_s$;(b1)19 日 14—20 时平均 $H_c$;(b2)20 日 02—08 时平均 $H_c$

19 日 20 时,在河北的西南部至河南北部、河南南部存在潜热中心,由于存在强烈的对流活动,地面降水资料估算的潜热中心与大尺度潜热中心并不完全重合,前者局地性更强。总体而言,凝结潜热分布与 500hPa 温度脊(图 2.14b1)具有很好的对应关系,最大的潜热释放层次位于 500—700hPa,这表明,伴随强降水过程的开始,对流层中层暖平流的进一步增强可能与潜热加热过程有关,造成对流层低层气旋涡度在该期间的快速增强。而随着降水向北推进,20 日 08 时潜热中心位于河北省的东南部,对应大尺度凝结潜热的加热率为 5.5℃/h,由地面降水估算的凝结潜热加热率达到 6℃/h 以上,19 日夜间这一阶段,850hPa 低涡及地面气旋逐渐达到最强。

上述分析表明,中低层低涡系统快速发展过程不仅与高低空系统构成的耦合作用有关,同时强降水造成的潜热反馈过程也起到了非常重要的作用,这也是对流层中上层低涡系统热力结构发生改变的主要原因。

## 2.2.5　小结

"16·7"特大暴雨与天气系统"低涡"的形成、移动并强烈发展过程有直接关系,本节详细分析了低涡的热动力结构的演变过程及其对暴雨的作用。这一阶段天气系统发展的过程非常复杂,涉及对流层高层的斜压发展过程;平流层高位涡区向下伸展引起对流层高层位涡异常,并诱发中下层低涡发展过程;倾斜涡柱逐渐加强发展为深厚的、具有上层暖心结构的直立涡柱过程,以及强降水与低涡系统之间的正反馈(凝结潜热释放)过程。总之,低涡系统异常的演变过程,不仅与高低空系统耦合作用有关,同时强降水造成的潜热反馈过程也起到了非常重要的作用。

# 2.3　极端性分析

由第 1 章雨情分析可知,"16·7"特大暴雨出现范围为历史最大,多站日降水突破历史极值,本节针对此过程中的极端性进行分析。

## 2.3.1　物理量的气候极端性分析

### 2.3.1.1　资料和方法

利用 1981—2010 年 NCEP/NCAR(2.5°×2.5°)再分析资料,计算气象因子的气候态(标准差),并针对"16·7"特大暴雨个例分析其动力、水汽和能量因子(物理量)的异常值。

气象因子异常值计算方法采用标准化异常值法,公式为:

$$N = (X - \mu)/\sigma \tag{2.3}$$

式中,$X$ 为某一个时刻的某一变量值,$\mu$ 为变量场 30a 的气候平均值,$\sigma$ 为变量场 30a 的气候标准差;气候场用 1981—2010 年的 NCEP 数据进行计算,并进行了 21d 的滑动平均。标准化过程使要素趋于正态分布,根据 Hart 和 Grumm(2001),对于正态分布要素,$N$ 的绝对值达到 2.5 意味着要素值发生的频率在 5%～16%,可以说是历史上少有(张萍萍等,2018)。$N$ 的绝对值表示变量场的异常是气候标准差的多少倍,$N$ 的绝对值大小可以判定降水事件的可能严重程度,以此分析"16·7"特大暴雨过程气象因子的异常性。

### 2.3.1.2 天气形势极端性分析

此次天气过程可以分为三个阶段(符娇兰等,2017;2.1 节),第一阶段是 18 日夜间到 19 日白天,为高空槽前偏东风导致的在河北中南部的地形强降水,第二阶段是 19 日夜间到 20 日夜间,为黄淮气旋螺旋雨带造成的强降水,第三阶段是 20 日夜间气旋内部的中尺度降水。

从 500hPa 高度场及其异常值(图 2.16)可以看出,此过程为典型的"东高西低"的环流形势。19 日 08 时(北京时,以下同),河北处于高空槽前偏南气流控制之下,槽底偏深,在甘肃及其周边地区位势高度异常值可达到−1.0 以上,随着时间的演

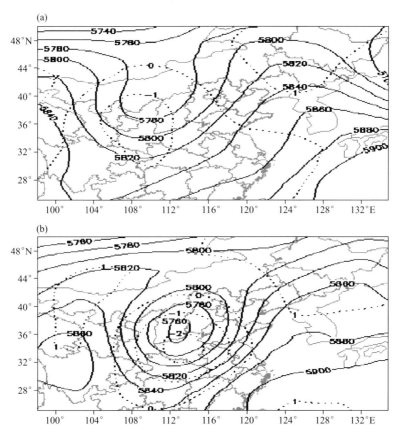

图 2.16　500hPa 高度场(等值线,单位:gpm)及其异常值(虚线)

(a)19 日 08 时;(b)20 日 08 时

变,槽加深,在19日20时发展成为低涡,异常值也一直加大,到20日08时,加大到—2.0以上,这种异常一直持续到20日夜间,21日异常表现不再明显。另外,在中国的东北地区和朝鲜半岛地区为位势高度脊区,且异常偏强,对系统东移形成阻挡形势,使得降水时间偏长,降水的强度较大。

从850hPa高度场风场及西风异常值可以看出,18日20时,在山西南部有一定的东风风速和相应的异常值,异常值达到—2.6,之后逐渐增大并扩展东移到河北,19日08时(图2.17a),在河南北部和河北南部有偏东风发展,异常值达到—3.0以上,之后,伴随着气旋的生成、发展和移动,到19日20时,异常值达到—4.5,20日02时,异常值大值区北移到石家庄、衡水和沧州一带,且增大到—4.8,异常强的偏东风与河北南部的太行山地形相互作用,是造成河北南部沿山地区强降水的主要因素之一;20日14时(图2.17b),异常区北移到河北中北部,异常值为—4.7,之后异常的范围缩小,异常值也逐渐减小,对应北部的强降水变化过程;到21日08时,偏西风的负异常几乎不见,降水基本结束。

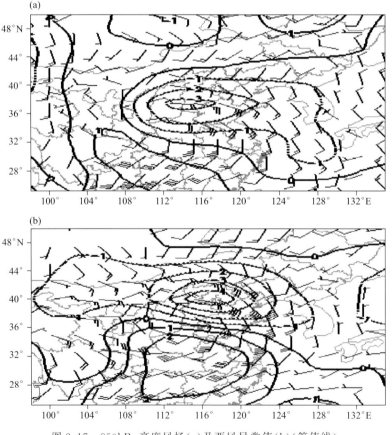

图2.17　850hPa高度风场(a)及西风异常值(b)(等值线)

(a)19日08时;(b)20日14时

　　偏南风为强降水的产生提供充足的水汽,切变线右侧与偏南风形成的低空急流左侧的强辐合使得水汽被强烈抬升(朱乾根等,2007),另外低空急流的风速脉动也使得降水加强。因此,南风的异常偏强对强降水的预报具有重要的指导意义。从850hPa 高度风场及南风异常值可以看出,南风的异常总体来看较东风异常晚。19日 08 时,在河南东部、山东南部地区开始出现偏南风异常增大,之后迅速向北扩展,14 时(图 2.18a),南风异常值大值区中心位于河南和安徽的交界处,异常值急速增大到 4.8,在甘肃和山西交接处有北风异常值大值中心,分别与气旋东部的偏南风和西部的偏北风相对应,此时河北南部处于气旋的第一象限,降水强度急剧加强;之后偏南风大值区和异常值大值区向北伸展,偏北风的异常值大值区也相应加强北上,到20 日 08 时,异常值分别达到 4.5 和－3.4,之后偏北风异常值迅速减小,偏南风也缓慢减小,21 日 08 时(图 2.18b)偏北风异常已看不到,偏南风急流的异常偏强区东移减弱,异常值减小到 3 以下。

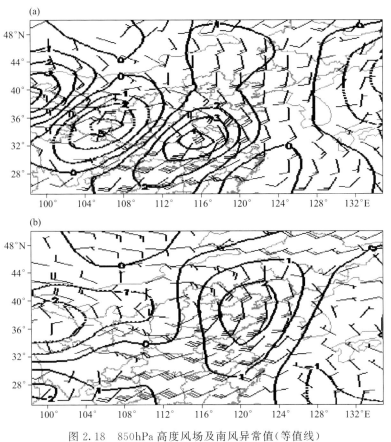

图 2.18　850hPa 高度风场及南风异常值(等值线)

(a)19 日 14 时;(b)21 日 08 时

### 2.3.1.3 动力因子极端性分析

从 500hPa 高度场及上升速度(ω)异常值可以看出,在 18 日夜间开始,山西和河北南部出现异常上升,且异常值逐渐增大,19 日 02 时,异常值为－3.7,19 日 20 时(图 2.19),达到－6.4,之后一直持续,到 20 日 14 时,都在－6.0 以上,之后逐渐减小。

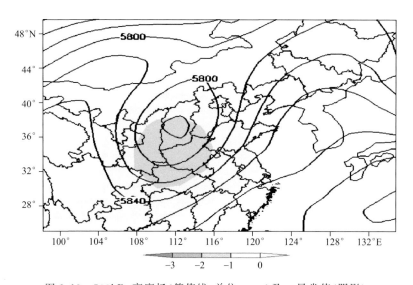

图 2.19　500hPa 高度场(等值线,单位:gpm)及 ω 异常值(阴影)

受槽前正涡度平流和后期气旋的影响,此次过程上升运动较强,有利于强降水的产生。从 850hPa 上升速度(ω)异常值可以看出,19 日 08 时,河北中南部大部分地区处于上升区,上升速度达到－0.15Pa/s,之后异常上升范围增大,上升速度增大,异常值也增大,19 日 20 时(图 2.20a),850hPa 异常值达到－5.8,500hPa 达到－6.6,200hPa 达到－6.2,之后上升速度一直异常大,且范围北伸并扩展到河北全省,20 日 14 时(图 2.20b),850hPa 异常值达到最大－7.6,上升速度也极度增大,之后开始减小,到 21 日,上升异常较大区只发生在河北东北部,异常值也减小到－3.0。

在此次降水过程中,气旋是最主要的影响系统之一,涡度的强弱对强降水的产生具有重要的作用。从涡度的异常值随高度和时间的变化可以看出,从 18 日白天开始(图 2.21a),受高空槽前正涡度平流的影响,300hPa 附近存在涡度异常值大值区和上升运动的大值区,并随时间向东移动。19 日 14 时(图 2.21b),除了在 400—300hPa 之间有一涡度的正异常外,在低层 900—700hPa 之间也有一涡度的异常值大值区,这与低层的气旋相对应,通过涡度的诊断(图略)得知,槽前正涡度与低层低涡造成的正涡度叠加(雷蕾等,2017),上升运动达到最强,此时的降水强

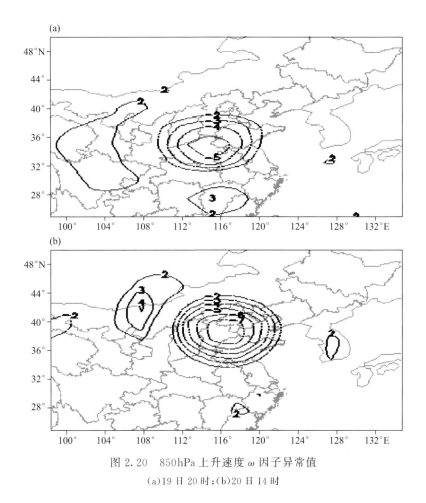

图 2.20　850hPa 上升速度 ω 因子异常值

(a)19 日 20 时;(b)20 日 14 时

度在太行山东麓达到最强;20 日 02 时(图 2.21c),随着低涡的东移,在(113°E,38°N)600hPa 附近出现了异常值大值中心,涡度异常值达到 2.5 以上;19 日白天到夜间,山前近地层一直为异常强的偏东风,所以 19 日白天到夜间在气旋和地形的共同作用下,在山前出现了极端强降水。到 20 日 14 时(图 2.21d),涡度异常值大值中心翻过太行山,并逐渐下沉到 900hPa 附近,与衡水附近 20 日白天的短时强降水相对应,虽然涡度异常值和上升速度比之前增大,但是此时地形的作用较之前减弱,所以降水强度也较之前弱。

石家庄地区赞皇的强降水主要发生在 19 日白天到夜间,从其附近涡度异常值、上升速度以及风场随时间的变化看(图 2.22),从 18 日后半夜,低层(850hPa 以下)偏东风开始建立,并维持到 20 日 20 时,此时间段内上升速度也出现了从弱到强再到弱的过程,并处于正涡度异常值逐渐增大的时段,总的来说,强降水与涡度异常值增大区、上升速度大值区以及低层偏东风相对应。

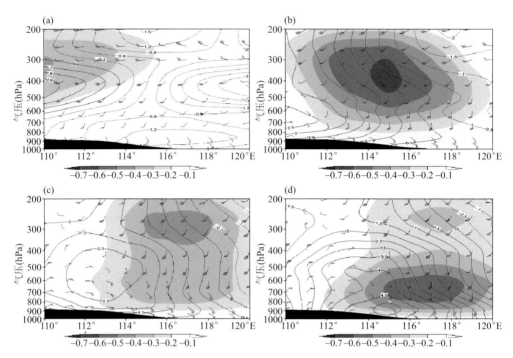

图 2.21　上升速度 $\omega$（阴影，单位：Pa/s）和涡度异常值（等值线）及
风（沿 38°N）随高度变化

(a)18 日 14 时；(b)19 日 14 时；(c)20 日 02 时；(d)20 日 14 时

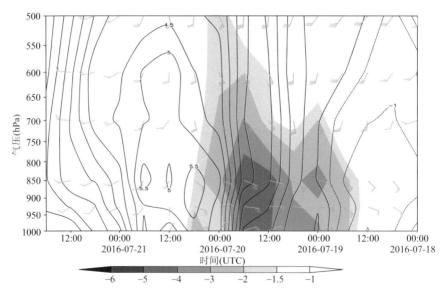

图 2.22　赞皇附近上升速度 $\omega$（阴影，单位：Pa/s）和涡度异常值（等值线）
及风剖面随时间（UTC）变化

#### 2.3.1.4　水汽因子极端性分析

在极端降水发生过程中,水汽是一个非常重要的因子(孙军等,2012)。从此次过程大气可降水量、850hPa 比湿及其异常值随时间的变化来看(图 2.23),18 日 20 时(降水前),在河北中南部大气可降水量仅为 45mm,比湿为 12g/kg,湿层浅薄,水汽通量散度不明显,并未表现出异常强的水汽;到 19 日 14 时,在河北西部和南部大气可降水量增加到 55mm,相应地异常值也达到 1.0 左右,河北南部比湿也增大到 14g/kg,水汽通量散度受动力条件的影响,一直在增大,并表现出一定的异常强趋势;到 20 时,河北南部大气可降水量的异常值和比湿的异常值在 1.5 左右,水汽通量异常值达到 −3.0 左右。之后,物理量异常值大值区沿河北东部和山东西部向东北方向移动;到 20 日 14 时,河北大部分地区大气可降水量达到 60mm 以上,在东北部异常值也达到 2.5 以上,比湿也增大到 15g/kg,异常值增大到 2.0 以上,水汽通量散度达到 −3.0 以上。

总体来看,水汽通量散度较大气可降水量和比湿异常值明显,这可能是与水汽通量散度含有动力项有关,而此次过程动力条件又异常强有关;水汽条件在河北南部异常表现不是很明显,而在东北部表现较明显,这可能与降水已开始有关。

华北发生暴雨时的比湿指标为:700hPa 达到 8g/kg 或 850hPa 达到 12g/kg,从赞皇附近比湿及其异常值以及风场随时间的变化看(图 2.24),比湿的明显增大和正异常值出现在 19 日 08 时以后,基本是晚于降水或与降水同时出现,开始

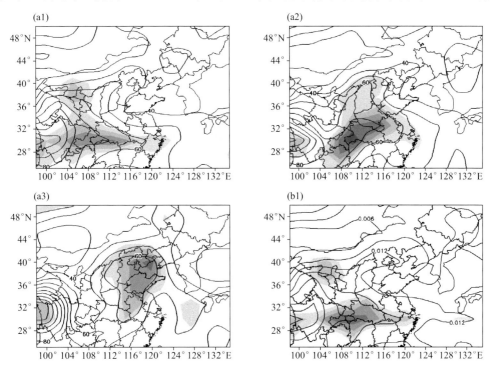

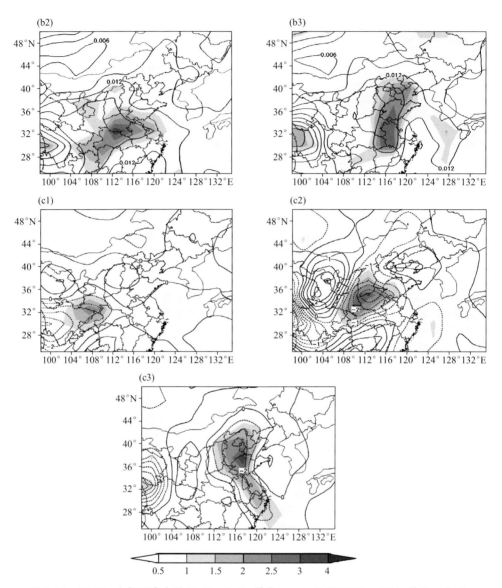

图2.23　850hPa大气可降水量((a1)—(a3),单位:mm)、比湿((b1)—(b3),单位:g/kg)、
水汽通量散度((c1)—(c3),单位:g/(s·cm⁻²·Pa))(等值线)及其异常值(阴影)
(a1)、(b1)、(c1)18日20时;(a2)、(b2)、(c2)19日14时;(a3)、(b3)、(c3)20日14时

湿层浅薄,后面逐渐向上扩展,并出现了中高层的比湿异常值的大值区,异常值
达到2.0以上。因此,此次过程降水前期水汽的异常值是不明显的,在降水开始
后,湿层由低层向高层逐渐加厚,这可能与低层的偏东风遇地形造成的水汽的强
迫抬升有关。

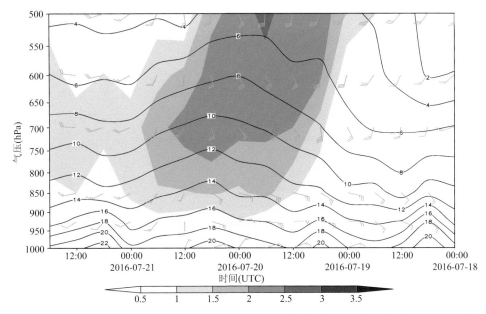

图 2.24　赞皇附近比湿(等值线,单位:g/kg)及其异常值(阴影)和风剖面随时间(UTC)变化

### 2.3.1.5　能量因子极端性分析

假相当位温是综合表征大气温度、压力和湿度的特征量,表示了大气的温湿特性,能反映大气能量的分布,其水平和垂直分布与对流的发生和发展有密切的关系(张景等,2019;张玉峰和张潜玉,2015)。从 850hPa 假相当位温的水平分布及其异常值(图略)看,19 日 20 时之前并未表现出能量异常大,在 20 日 02 时,在河北和山东交界的地方,等假相当位温线变密,且出现 1.0 以上的异常值,随后等假相当位温脊线向东北方向发展,异常值的大值区也扩展到河北东北部,但是异常值一直在 1.5 以下,因此,此次过程中对流发展不是十分旺盛。

从假相当位温沿 38°N 的剖面图可以看出,19 日 14 时(图 2.25a),假相当位温在850hPa 以下都是随高度减小的,且西部的层次较高,随时间变化,到 20 日 02 时(图2.25b),向东发展,低层的高温高湿表明有大量的不稳定能量的聚集,一旦有对流的触发条件就会产生强对流,但从异常值上来看,低层的能量没有表现出异常强;在此次过程中,在高层有一异常偏强的高温高湿区,这可能与槽前的暖湿平流有关,后期在 700hPa 附近也出现了异常值的高值区,这可能与潜热释放有关。

### 2.3.2　分区暴雨物理量极端性对比分析

#### 2.3.2.1　资料和方法

利用 2000—2016 年河北省 143 个国家观测站日降水量资料,每个暴雨日四次和次日 00 时(UTC)共五个时次 NCEP 再分析资料。

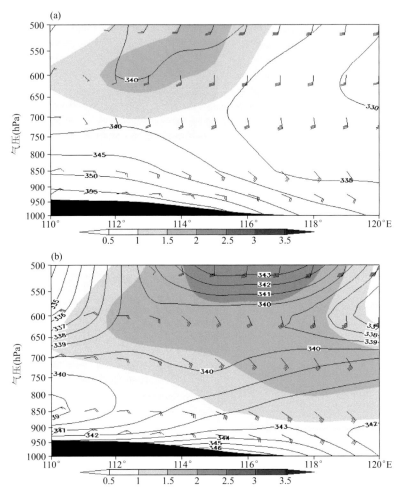

图 2.25　假相当位温(等值线,单位:K)及其异常值(阴影)和风(沿 38°N)随高度变化

(a)19 日 14 时;(b)20 日 02 时

首先,选取河北日降水量(08—08 时)大于等于 50mm 的 134 个暴雨日。

然后,将河北省主要降水区分为四个部分(图 2.26),分别为:n1 区(114°—116°E,36°—38°N)、n2(114°—116°E,38°—40°N)、n3(116°—118°E,38°—40°N)、n4(117°—119°E,39°—41°N),基于各区各量级降水日表(表 2.1)分别计算每个区大于 50mm 降水量时影响暴雨各物理量的日均值(利用 NCEP 资料当日 00、06、12、18、次日 00 五个时次平均),最后,对 2000—2016 年各区各暴雨日的各物理量进行统计分析。

### 2.3.2.2　物理量异常性分析

(1)动力因子

"16.7"特大暴雨在 200hPa 表现为较强的西南风(图 2.27a 和 b),且偏南分量较

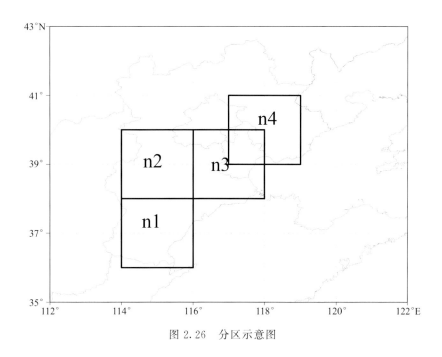

图 2.26  分区示意图

表 2.1  2000—2016 年各区各量级降水日数统计(单位:d)

| 区号 \ 降水量 | ≥50mm | ≥100mm | ≥200mm |
|---|---|---|---|
| n1 | 93 | 37 | 4 |
| n2 | 87 | 23 | 3 |
| n3 | 101 | 42 | 7 |
| n4 | 86 | 36 | 4 |

大,在所有暴雨个例的上四分位以上。在 700hPa 上(图 2.7c 和 d),表现为较强的东南风,尤其是偏东风分量在 n2 区(−9.1m/s)和 n3 区(−8.2m/s)区均超过以往极值(−7.1m/s 和−4.8m/s),其他两区偏东风也远远大于上四分位数值,四个区偏南风分量均较大,都远远大于上四分位数值,其中 n1 区几近极值。在 850hPa(图 2.7e 和 f),也表现为较强的偏东风,尤其在 n1(−7.8m/s)和 n3(−10.3m/s)区均接近以往极值(−5.7m/s 和−10.7m/s),其他两区偏东风也远远大于上四分位数值,且此层各区偏东风分量均大于 700hPa,在 V 分量上,除 n2 区为偏北风外,其他都为偏南风分量,且都接近或大于上四分位数对应值。

在涡度方面(图 2.28),在 n1 区表现较明显,尤其是 850hPa,仅比极值略小(分别为 12.1 和 12.7);在散度方面(图 2.29),表现为 850hPa 强辐合 700hPa 强辐散,且在数值上 850hPa 辐合达到历史之最,700hPa 也几近最值。

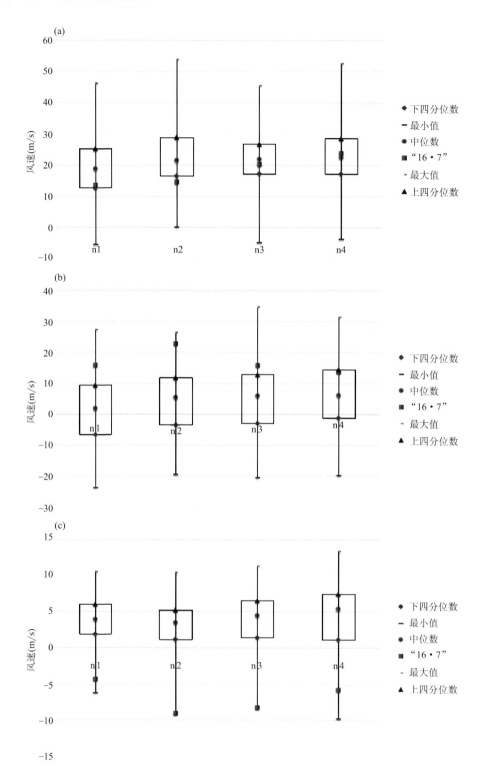

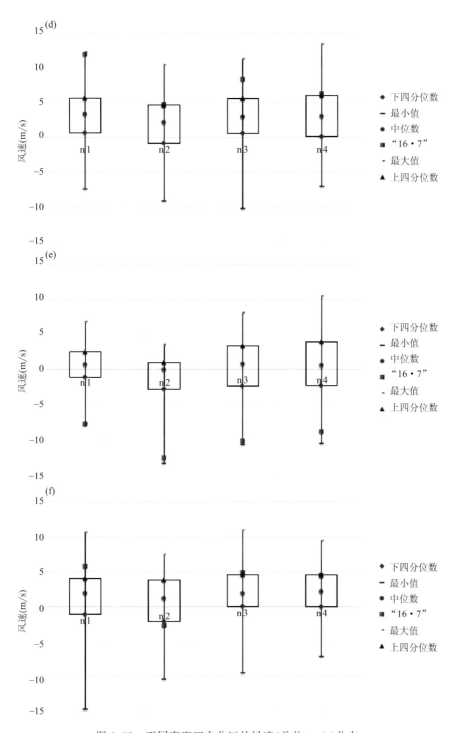

图 2.27   不同高度四个分区的风速(单位:m/s)分布

(a)200hPa 西风;(b)200hPa 南风;(c)700hPa 西风;(d)700hPa 南风;(e)850hPa 西风;(f)850hPa 南风

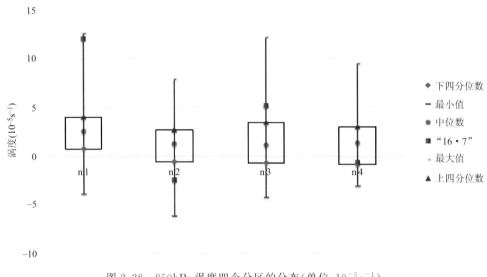

图 2.28　850hPa 涡度四个分区的分布(单位:$10^{-5}\,\mathrm{s}^{-1}$)

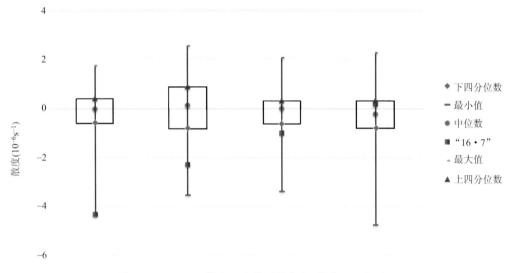

图 2.29　850hPa 散度四个分区的分布(单位:$10^{-6}\,\mathrm{s}^{-1}$)

(2)水汽因子

"16·7"特大暴雨在 700hPa 比湿在各区数值均在历史上四分位数值附近(图 2.30),而 850hPa 比湿在各区数值均在历史中位数到上四分位数值之间,露点在历史数值中的位置和比湿表现比较一致;大气可降水量方面(图 2.31),除 n4 区比上四分位数值略小,其他均大于相应上四分位数值;另外,水汽通量散度在 n1 区 700hPa 和 850hPa 均突破历史极值,水汽在低层强烈辐合,在高层强辐散,对极端降水的产生十分有利。

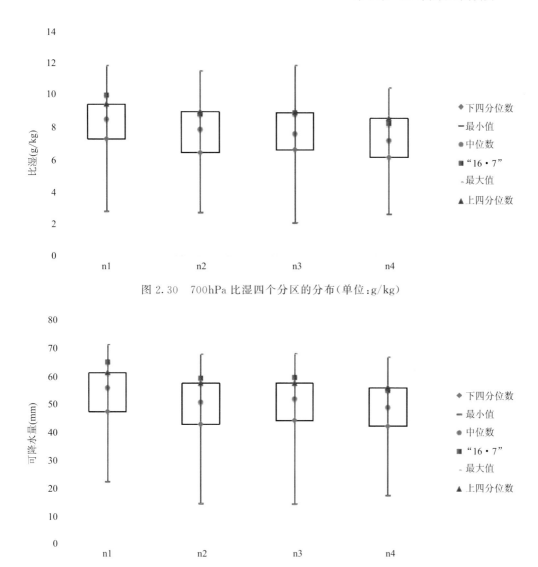

图 2.30　700hPa 比湿四个分区的分布(单位:g/kg)

图 2.31　大气可降水量四个分区的分布(单位:mm)

(3)热力因子

各区 200hPa、700hPa 和 850hPa 上温度均在历史中位数值附近;各区假相当位温在 700hPa 和 850hPa 上均比历史中位数值略大(图 2.32);$KI$ 值则处于上四分位数值附近(图 2.33)。

总的来看,"16·7"特大暴雨在高空存在强的西南急流,环流经向度较大;在 700hPa 和 850hPa 有超强的偏东气流,多区突破历史极值;水汽条件较一般暴雨过程充足,且水汽在 850hPa 辐合和 700hPa 辐散明显强于历史暴雨过程,部分地区突破历史极值;热力能量条件一般偏强。

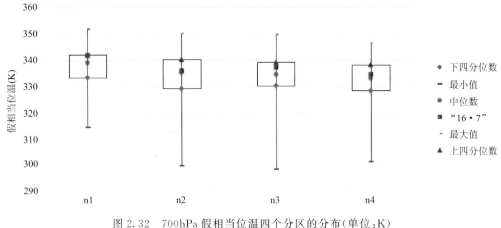

图 2.32　700hPa 假相当位温四个分区的分布(单位:K)

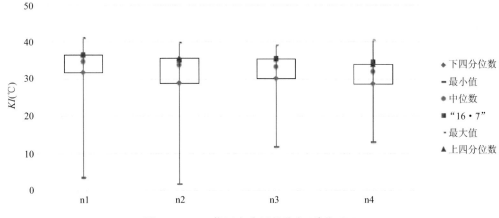

图 2.33　KI 值四个分区的分布(单位:℃)

### 2.3.3　小结

本节对"16·7"特大暴雨过程的极端性进行了分析,得出以下结论。

(1)低涡在华北地区上空影响期间(19 日 20 时—21 日 20 时),500hPa 高度场异常偏低,20 日 08 时异常值达到-2.0 以上;850hPa 东风异常值可以达到-4.8,异常强的偏东风与太行山地形相互作用,是造成太行沿山地区强降水的主要因素之一;相比东风异常值,南风异常值在华北上空较小。

(2)暴雨过程期间动力场异常值大,水汽场、能量场也出现异常,但异常值不如动力场明显。

(3)京津冀分区分析同样得出,"16·7"特大暴雨过程中,东西风分量、涡度动力因子异常值大,水汽场、能量场一般偏强。

# 第 3 章 中尺度特征

分析"16·7"特大暴雨过程,发现其降水存在中尺度特征以及地形特征明显(符娇兰等,2017;第 1 章),夏茹娣等(2016)分析了北京地区的中尺度特征。本章主要分析"16·7"特大暴雨过程中的中尺度系统。

## 3.1 中尺度分析

### 3.1.1 石家庄强降水的 β 中尺度特征分析

"16·7"特大暴雨过程的降水中心出现在石家庄西部的浅山区,强降水区位于石家庄新乐雷达的覆盖范围内。为此,以石家庄降水为例进行 β 中尺度特征分析。

#### 3.1.1.1 降水特征

7 月 19 日凌晨开始,华北自南向北出现区域性降水过程,截止 22 日 00 时河北省平均降水量 144.4mm,强降水中心位于河北南部太行山沿线,石家庄、邢台、邯郸三市西部有 89 个自动气象观测站降水量在 400mm 以上,其中有 20 个观测站超过 500mm,主要位于石家庄西南部山区(17 站)(图 3.1 红色方框区域内);嶂石岩降水量最大(816.7mm),超 700mm 的还有杨家湾村(721.9mm)和徐汉村(700.7mm),该三站海拔均在 430～600m 之间,即降水极值分布在石家庄西部山区(图 3.1)。

由降水最强的三个站逐小时和间隔 5min 1 次的 1min 雨量演变(图 3.2)可见,三站降水演变特征大致相同,都呈现双峰值特征,主峰雨强大约 94～130mm/h,出现在 19 日 14—20 时,次峰值出现在 20 日 00—02 时;由于降水的中小尺度变化和天气系统移动原因,三站雨峰出现时间并不一致,1h 降水峰值和 1min 雨量峰值出现的时间也不完全一致。19 日 17 时嶂石岩自动观测站出现了该站 1h 降水峰值,为 128.1mm,其间 5min 最大雨量 29.4mm,最强 1min 雨量为 9.6mm(合计 576mm/h);在降水的第一阶段(即高空槽降水阶段,阶段性降水详情请见第 1 章),1h 降水峰值出现在 19 日 15 时,为 58mm,其间最强 1min 雨量为 2.7mm(合计 162mm/h);在降水的第二阶段,最强 1h 降水为 60.4mm(20 日 00 时),其间最强 1min 雨量为 1.5mm(合计 90mm/h)。可见,1h 降水量强峰可达弱峰的 2 倍多(128.1mm/60.4mm),但 1min 雨量极值强峰可达弱峰的 6 倍(9.6mm/1.5mm),说明 1h 降水量并不完全取决于分钟雨强,与强分钟降水出现的频次也有直接关系。小时降水峰值

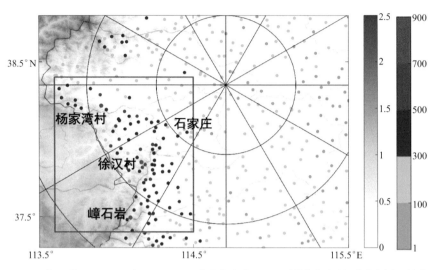

图 3.1　2016 年 7 月 19 日 02 时—22 日 00 时强降水中心 70h 累计降水量(彩色圆点,单位:mm)
(阴影表示地形(单位:km),红色方框区域表示研究的强降水关键区,以下图同。
同心圆心为雷达位置,黑色内圈和外圈分别距雷达 50km 和 100km)

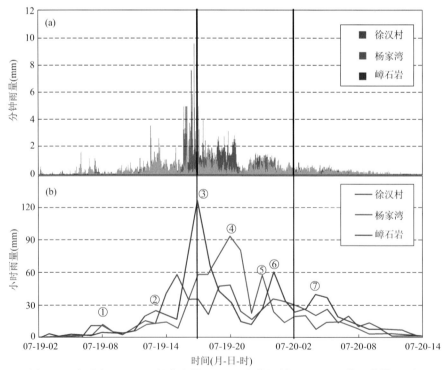

图 3.2　嶂石岩(B1041)、杨家湾村(B0868)和徐汉村(B0478)三站逐分钟(a)和
逐小时(b)降水量(单位:mm)演变(黑色竖线区分为降水的三个阶段,分别是高空
槽降水、气旋外围螺旋雨带降水和气旋内部降水阶段,①—⑦为雨峰)

一是因为该阶段分钟雨强大,二是因为相当强的分钟雨强连续多次出现而造成,如
19 日 20 时(图 3.3),杨家湾村 1h 降水 94.4mm 的阶段出现了 41 次 1.5～2.8mm 的
1min 雨量。反之,即使分钟雨强较大,但如果 1h 内出现的频次不高,那么 1h 雨量也
会不显著,如嶂石岩 19 日 12 时 34 分,最强分钟雨量达 3.6mm,但因为出现次数少,
累计 1h 降水量仅 24.5mm。从小时雨强和分钟雨强可得出,中尺度降水特征明显
(袁美英等,2010),而且小时雨峰中存在多个分钟雨峰。

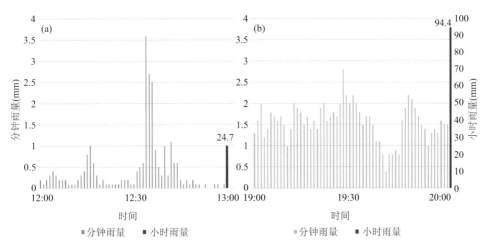

图 3.3　嶂石岩(19 日 12—13 时)、杨家湾村(19 日 19—20 时)分钟和小时降水量(单位:mm)演变
(a)嶂石岩;(b)杨家湾

### 3.1.1.2　三个阶段 β 中尺度特征异同

在高空槽降水阶段(19 日 02—17 时)开始之前,位于石家庄南侧 98km 的邢台站
18 日 20 时探空观测显示:湿层深厚,700hPa 及以下相对湿度均≥87%,其 $T-T_d≤$
2℃,基本处于准饱和状态,对流凝结高度 CCL 较低,为 758.7m(923hPa),有利于短
时强降水发生,KI 指数达到 38℃,沙氏指数达－1.37℃,大气层结不稳定。湿对流
有效位能 CAPE 值高达 1028J/kg,尽管有对流抑制能量存在,但相对较小,仅为 12.8J/
kg。0℃层高度较高,位于 573hPa,0～6km 的风垂直切变较小,发生强降水的潜势较
高。从雷达反射率因子图(图 3.4,部分图略)可见,在该降水阶段,上午对流主要表
现为层状降水区中一些对流单体的快速发展和消亡(图 3.4a),中午前后,对流单体
逐渐组织为线状对流系统(图 3.4b),自东南向西北方向移动,经过降水关键区。午
后的线状对流系统造成的雨峰(图 3.2,雨峰②)略强于上午零散单体对流造成的雨
峰(图 3.2,雨峰①)。在该阶段分钟雨量大,强降水持续时间较短。

气旋外围螺旋雨带降水阶段(19 日 17 时—20 日 02 时)持续了 9h。由图 3.4 可
见,在涡旋外围雨带抵达石家庄的初期,新生对流系统不断生成,组织紧密,且回波核
心较强,随着涡旋中心向东北方向移动,强度在 40～55dBZ 的回波在关键区呈"稳定

持续"状态,在关键区造成一次次雨锋,且雨强增强趋势明显,三站在 19 日 17—21 时达到 1h 降水峰值(图 3.2,雨峰③④,图 3.4c)。此后,随着气旋中心向东北移动,涡旋北部的螺旋雨带连续从东南方向向西北方向移动扫过石家庄地区,造成一次次雨峰,杨家湾站在 19 日 23 时(图 3.2,雨峰⑤)和嶂石岩站在 20 日 00 时(图 3.2,雨峰⑥)分别出现了 57.9mm 和 60.4mm 两次雨峰。

在气旋继续东北移动的过程中,石家庄处于涡旋内部边缘地带时,降水系统的 β 中尺度特征又有所不同。该阶段,关键区内回波形态和移动方向变化较多,如 20 日 03 时 48 分,回波以带状特征为主(图 3.4e),并向西北偏西方向移动;20 日 04 时 54 分,回波在关键区内呈片絮状分散分布,回波核心也较弱(图 3.4f),移动方向以向西方向为主,组织不够紧密的回波形态和移动方向不利于同一站点降水的累积,因而造成该阶段 1h 降水峰值弱于第二阶段。

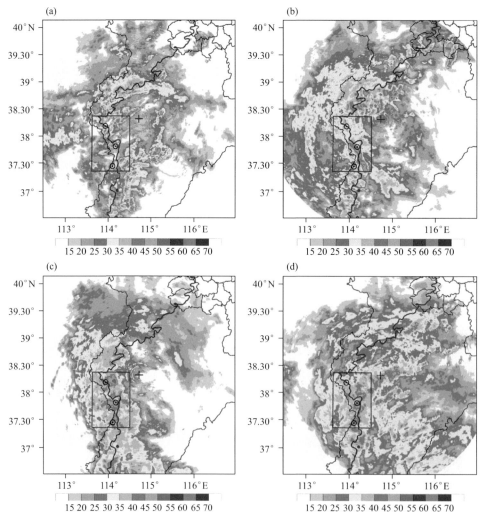

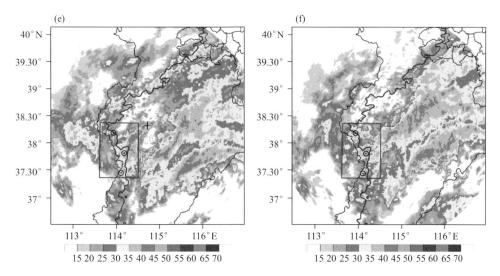

图 3.4　对应图 3.2 中 8 个 1h 降水雨峰给出的 2016 年 7 月 19—20 日华北中南部 S 波段
雷达拼图组合雷达反射率因子(单位:dBZ)分布(黑色⊕字线代表嶂石岩(B1041)、
杨家湾村(B0868)和徐汉村(B0478)三站,蓝色等值线代表 400m 地形等值线)
(a)2016-07-18 23:12:07 UTC;(b)2016-07-19 05:00:08 UTC;(c)2016-07-19 10:18:09 UTC;
(d)2016-07-19 15:54:09 UTC;(e)2016-07-19 19:48:09 UTC;(f)2016-07-19 20:54:09 UTC

　　进一步对比雷达回波剖面特征(图 3.5)发现三个阶段雷达回波剖面特征也有明显
差异。在高空槽降水阶段,雷达组合反射率因子图横向和纵向的垂直剖面图上可见强
回波柱的分布,局地有中尺度对流回波。而在涡旋外围螺旋雨带降水阶段,垂直剖面上
的反射率因子分布较为均匀,并且反射率因子比较大、垂直伸展比较高,这说明在涡旋
外围螺旋雨带降水阶段大面积层状降水区域内镶嵌着较多的对流性强回波柱,且对流
发展较旺盛,在关键区稳定维持时间较长,中尺度系统活动明显。由图 3.5 可知,当关
键区位于涡旋内部边缘地带时,雷达组合反射率因子图横向和纵向的垂直剖面图上,回
波分布均匀,无强回波柱,且回波垂直发展较低,说明该阶段以稳定的层状云降水为主。

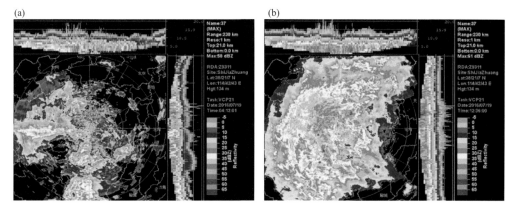

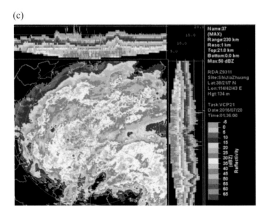

图 3.5　雷达横向和纵向剖面以及水平向组合反射率因子图(单位:dBZ)
(其中●代表雨量大于 700mm 的测站(嶂石岩、杨家湾村和徐汉村三站))
(a)7 月 19 日 1212 BST;(b)7 月 19 日 2036 BST;(c)7 月 20 日 0936 BST

### 3.1.1.3　不同阶段中尺度降水系统成因

由 850hPa 图中可见,在高空槽降水阶段(图 3.6a、b),石家庄地区上空的对流层中层为槽前西南气流,低层为气旋东北侧的东南气流控制(风速 10m/s 以下),且关键区内东南偏暖气流在太行山前辐合。随着气旋继续东移,涡旋中心位于河北省、河南和山西交界位置,与东部高压之间的气压梯度加大,东风风速加大,且关键区内存在一条东风与东北风形成的切变线(图 3.6b),同时在太行山迎风坡抬升作用的影响下,对流开始加强。19 日 20 时高空槽加深切断出低涡,气旋继续向北缓慢移动,对流层低层东北侧的东南气流继续加大达到急流 16m/s(图 3.6c),在太行山迎风坡位置,发展旺盛的对流长时间维持,造成该阶段强降水,平均 5min 雨量在 7～13mm,小时雨量最大 128.1mm。到该阶段后期,气旋中心移动到河南与河北交界处,关键区内主要受气旋西北侧的东北气流控制,降水强度略有减弱。随着气旋中心的进一步向东北方向移动,关键区内由前期的东北气流转向为气旋西侧偏北气流控制(图 3.6d),雨强减弱,以层状云降水为主。

## 3.1.2　气旋内部的 β～γ 中尺度特征

在本次特大降水过程中,气旋主体降水过后,在气旋内部又出现了对流(图 3.7),此阶段的降水是预报业务中的难点。跟踪雷达回波演变可知:在 20 日 12—15 时和 16—23 时分别有两个 β～γ 中尺度的对流系统影响天津和北京,造成京津两地的强降水。下面首先对影响北京的中尺度降水系统进行分析。

气旋内部影响北京的中尺度系统特征:

随着气旋逐渐北移,当 14 时北京处于低涡云系气旋内部边缘地带之际,沧州地

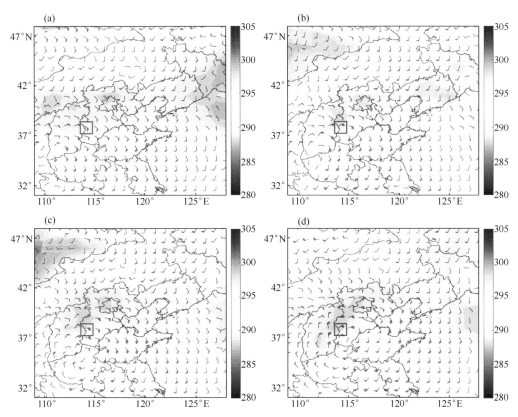

图 3.6 850hPa 流场和风矢量场(阴影代表 850hPa 温度,单位:K;红色方框同图 3.1 中关键区)
(a)19 日 08 时;(b)19 日 14 时;(c)19 日 20 时;(d)20 日 02 时

区开始有小的对流系统不断新生发展,并向西北偏北方向或西北方向移动,15∶30 左右发展加强呈东西带状分布(图 3.7a—b)。16—23 时影响北京区域(图 3.7c—f),造成北京最大雨强 46.1mm/h 的强降水。该阶段影响北京地区降水的中尺度系统位于气旋的中心位置,对应云图上的暗区(冷空气的下沉区),该区域位于低空急流带的左前方,自 1000—600hPa 假相当位温值随高度减小,从 80℃ 降低到 70℃,说明该区域为对流不稳定区域,其整层可降水量维持在 60～65mm,为对流的发展提供了很好的湿度条件(易笑园等,2018)。

850hPa 图上(图 3.8a),受太行山和燕山山脉的阻挡,气旋北移缓慢,14—20 时气旋东北侧的东北风与东南风切变在沧州西部、保定东部附近。从地面流场与假相当位温叠加图可知(图 3.8b)在保定东部、沧州西部一带存在一风场辐合线,配合假相当位温梯度较大的区域,造成该阶段在北京以外东南部不断有对流新生(约从 20 日 14—21 时),新生对流单体也正是沿着这条辐合线产生且不断加强,西北向移动的对流回波在此处发展旺盛,呈带状或片絮状分布,组织更加紧密,进而影响北京,造成北京地区强降水。

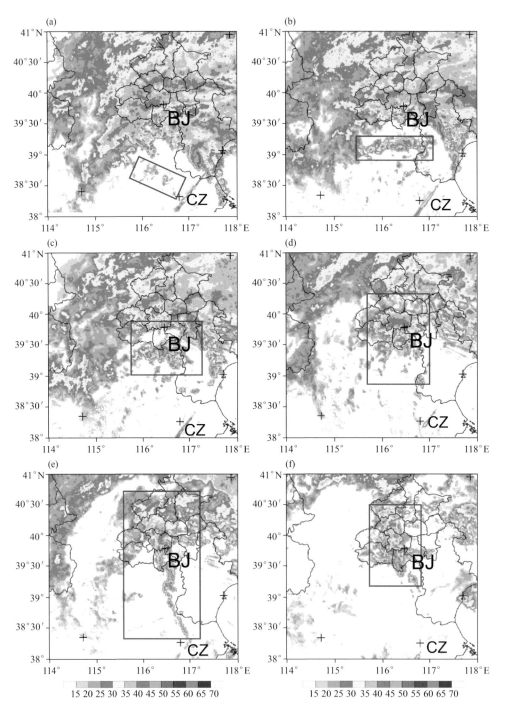

图 3.7　2016 年 7 月 20 日 14:00—21:30 雷达组合反射率因子(阴影,单位:dBZ;BJ:北京;CZ:沧州)
(a)2016-07-20 06:00:09 UTC;(b)2016-07-20 07:30:08 UTC;(c)2016-07-20 08:06:08 UTC;
(d)2016-07-20 09:30:08 UTC;(e)2016-07-20 11:00:09 UTC;(f)2016-07-20 13:30:09 UTC

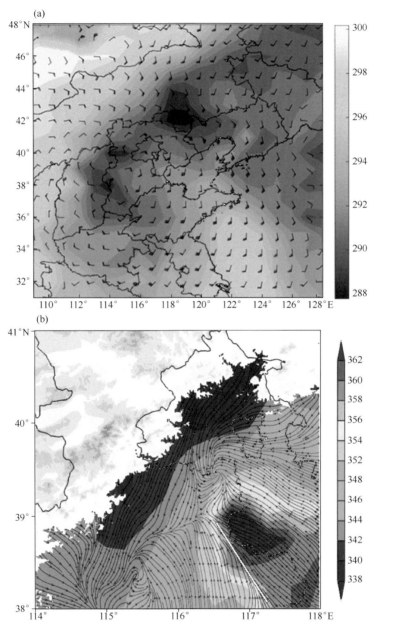

图 3.8　20 日 20 时 850hPa 流场和风矢量场(阴影代表 850hPa 温度,单位:K)(a);
20 日 19 时地面加密自动站流场(黑色粗实线:流场辐合线)和
假相当位温(阴影,单位:K)(b)

　　为了更清楚地研究分析该中尺度对流回波的触发机制,使用高时空分辨率的多普勒雷达四维变分分析系统(VDRAS)资料对其进行分析。图 3.9a 红圈中为 13:30对流回波新生位置,该处(图 3.9b)的温度垂直分布为下暖上冷的温度不稳定层结,

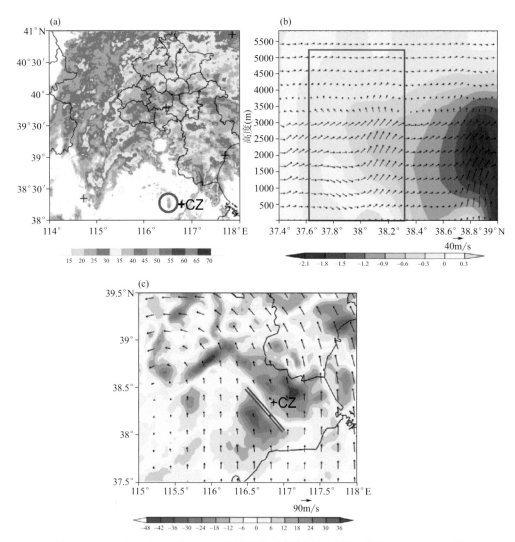

图3.9 2016年7月20日13:30雷达组合反射率因子(阴影,单位:dBZ;CZ:沧州;
红圈:新生对流单体)(a);VDRAS再分析资料扰动温度沿116.4°E的剖面
(阴影,单位:℃)与垂直环流(箭头,$v$和$w$合成)(b);VDRAS再分析资料1637m
高度散度场(阴影,单位:$10^{-5}\,s^{-1}$)与风场(箭头,单位:m/s;CZ:沧州)(c)

与该不稳定温度层结相配合的垂直速度场为上升气流,由VDRAS再分析资料
1637m左右高度的散度与风场的叠加(图3.9c)可以看出,在该中尺度对流新生位
置,存在明显的风场辐合线,与该辐合线相配合的散度场有明显的辐合区,且该风场
辐合线(辐合区)在1000~2600m高度均存在(图略)。由此可见,影响北京强降水的
中尺度对流系统的新生与其下暖上冷的温度不稳定层结及1000~2600m高度的风
场辐合密切相关。从剖面图3.10可见,在对流不断新生处有辐合上升运动。20日

14 时,在对流层低层,有较强的纬向风风速的辐合(图 3.10a),对应辐合区域及其上空对流层中低层为上升运动;在 20 日 20 时(图 3.10b)风速辐合已明显减弱,但对流层中下层维持了弱的风向辐合,上升运动也明显减弱;在对流层 800hPa 以下,存在明显的经向风辐合(图 3.10c),对应辐合区域上空是深厚的上升运动;20 日 20 时,经向风辐合仍然维持(图 3.10d),但上升运动也有所减弱,对应着该区域新生对流活动的尾声。

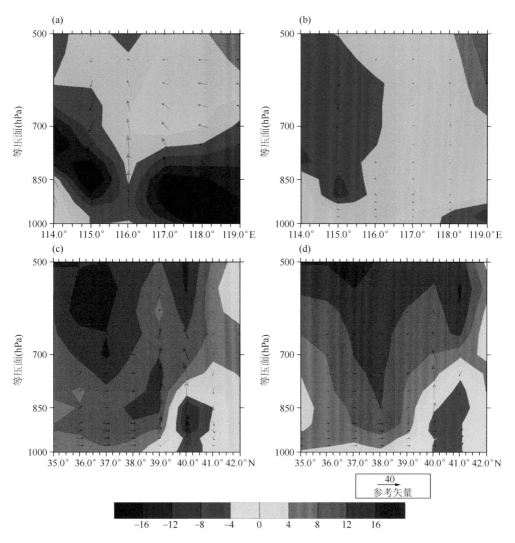

图 3.10 2016 年 7 月 20 日 14 时(a、c)和 20 时(b、d)沿 39°N 纬向风分布
(a、b)和沿 116.5°E 经向风分布(c、d)。矢量风场分别表示沿纬向风
(a、b,单位:m/s)和经向风(c、d,单位:m/s)与垂直风(单位:m/s)的合成

对影响天津的位于气旋内部的中尺度对流系统,易笑园等(2018)对其进行了详细分析指出:该中尺度系统造成天津罕见的短时强降水,小时雨强达 77.1mm/h。跟踪该中尺度系统移动轨迹,其活动范围在 37.5°—40°N,117°—117.5°E,其位置在气旋回波的边缘。该活动区域始终处于 TBB 梯度高值区中,对应 850—450hPa 为假相当位温线的密集带,与其配合的 850hPa 以下,存在着东风风速的辐合区,且湿度条件好,整层大气可降水量为 60~65mm。在雷达回波反射率因子图上,该中尺度对流系统在河北沧州以南形成后,一路北上,临近天津地区时快速加强,于 20:48 开始进入天津境内,并于 21:48—22:36 时经过天津城区。雷达回波径向速度图上,中气旋的生成、发展、加强对影响天津的中尺度对流系统强度的加强和长时间维持起着重要作用。

综上所述,位于气旋内部影响北京和天津的中尺度对流系统,均生成并发展于充沛水汽和不稳定背景下,而区别在于:①影响北京的中尺度对流系统(850hPa)位于气旋中心—低空急流左前方的对流不稳定区内,地面保定西部到沧州东部一带风场辐合线与假相当位温的梯度大值区相配合,使得对流单体不断新生并不断向西北方向移动,保定东部到廊坊南部的地面辐合线为新生单体的有组织的发展加强提供了更好的动力条件,从而造成北京地区的强降水。②影响天津的中尺度对流系统位于气旋回波中心的边缘地带,其发生发展于高空的能量锋区中(锋生作用有利于上升运动),其发展加强与气旋云系内部边缘的 TBB 梯度大值区也关系密切,同时与地面风速的辐合线相配合。而其内部深厚中气旋的生成、发展、加强对影响天津的中尺度对流系统强度的加强和长时间维持也起着重要作用。

### 3.1.3 小结

综上所述可得以下结论。

(1)分析小时雨强、分钟雨强可知,第一、二阶段的小时雨峰中存在多个分钟雨峰,中尺度特征明显,说明"16 · 7"特大暴雨过程中无论是高空槽降水还是气旋影响阶段,均有中尺度系统活动。

(2)在降水的三个阶段(高空槽降水、气旋螺旋雨带和气旋内部降水阶段),最强 1h 降水出现在高空槽降水阶段,但就分钟降水而言,第一阶段后期分钟降水最强。三个阶段引起降水的系统的 β 中尺度特征各有不同,具体而言:①在高空槽降水阶段,在对流不稳定条件下,一些快速生消发展的对流单体沿太行山和由南向北方向移动发展的线状对流系统引起降水。该阶段对流核内冰相粒子参与的冷云微物理过程比较活跃(见第 4 章)。②在气旋北部降水阶段,螺旋雨带以大片层状降水区中分布着线状对流为主要特征,这些螺旋雨带连续经过造成连续多次强的分钟降水,进而造成多站 1h 累积降水量大。③在气旋内部降水阶段,沧州到天津一带地面有一条偏北气流与东南气流产生的辐合线,且对应不稳定区,此区域不断有对流新生,新生的对流单体沿偏南引导气流不断向偏北方向移动,造成气旋内部的对流降水。在此阶段多为快速生消的线状回波,尽管其引起的分钟降水可能达到与前一阶段较强分钟降水相当的强度,但因回波移速快,不利于同一站点降水的累积。

## 3.2　中尺度地形的影响

太行山位于山西省与华北平原之间,西接山西高原,东临华北平原,近南北走向,绵延数 400 余千米。太行山大部分海拔在 1200m 以上,呈北高南低、东陡峭西徐缓的形态,北端最高峰为小五台山,海拔高 2882m。太行山地形复杂,特别在石家庄西部山区,为喇叭口地形,且多横谷,当地称为"陉"(图 3.11)。

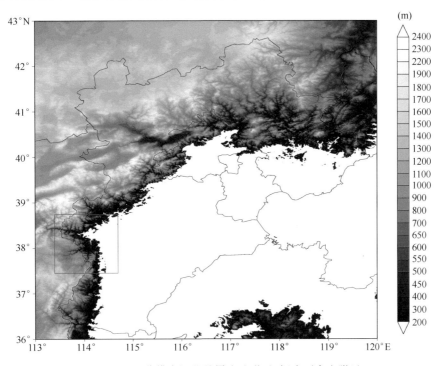

图 3.11　30s 分辨率河北及周边地形(红框为石家庄附近)

据统计事实(姚学祥,2011),太行山东坡(迎风坡)是大暴雨出现相对较多的地区,历史上有名的"63·8""96·8"大暴雨极值中心均出现在太行山东麓,如 1996 年8 月 3—5 日位于太行山东麓的邢台县野沟山水库和井陉县吴家窑累积雨量分别高达 616mm 和 670mm,而石家庄市、井陉、平山、元氏 4 县(市)雨量都大于 450mm(胡欣和马瑞隽,1998)。

降水如此分布的主要原因之一即为太行山迎风坡对偏东风的辐合抬升作用,降水越大,地形影响越明显。局部地形的坡度和方向,以及迎风坡气流的大小和稳定性,在降水落区和大小、对流组织性等方面起关键性作用(Xia 和 Zhang,2019)。此外,地形在一定的气流或条件下会生成中小尺度涡旋、切变线或静止的中尺度辐合区,有助于暴雨系统的发展加强(徐昕等,2010)。冯伍虎等(2001)利用 MM5 模拟了"96·8"暴雨过程,比较垂直运动、对流云团活动、暴雨带和地形的关系发现:地形对垂直上升运动的强迫作用,对偏东急流的阻挡抬升作用以及对对流云团的生成和发展,进而对暴雨雨带的形成有着明显的影响和因果关系,强垂直上升速度带发生在东南急流的迎风坡,并与暴雨雨带一致,而暴雨雨带的强降水中心又与对流云团的发生发展区一致。

从本次过程的雨情分析可见,地形对降水的增幅作用明显。太行山东麓过程累积降水量超过 250mm;短时强降水频次大于 10 次;太行山东麓明显较山区以及平原地区降水量大,降水量多出 4 倍之多(见第 1 章)。

### 3.2.1 降水的地形分布特征

详细分析格点降水实况资料(图 3.12a 等值线),可以看到降水极值中心出现在石家庄西部山区的东南迎风坡上(海拔高度约 400m),中心强度超过 450mm;东北坡降水相对较少,在 250mm 左右。但格点实况降水并没有融合加密自动站观测,为此对本区域内的自动站降水资料进行叠加(图 3.12a 填值),上述格点降水 400mm 区域与自动站降水超过 500mm 的降水集中区吻合,短时强降水也主要出现在这一地区,多站历时超过 10 个小时(图 3.12b)。

值得注意的是,测站降水最大值出现在赞皇的嶂石岩(816.7mm),短时强降水历时 15 个小时,本站最大小时雨强达到 128.1mm/h,发生在 19 日的 16—17 时(图 3.13),显然中小尺度系统才能造成如此大强度的降水。在太行山降水大值带上,强降水发生较早,持续时间较长,总降水量较大,对应于华北降水增强阶段,台站的总降水量和降水强度极端性高,降水过程波动性大,具有显著的对流性降水特点(康延臻,2017)。

### 3.2.2 地形对环境场的影响

以上分析表明,太行山地形的存在对降水有着明显的影响,石家庄的风廓线资料(图 3.14)也可以看到,本次过程中深厚的偏东气流,伸展高度达到 3km,边界层内风向与南北走向太行山相交,地形效应明显。下面将分析地形在此次特大暴雨过程中的作用。

#### 3.2.2.1 地形对水汽的累积作用

本次降水事件的水汽来源有两支,分别是低空西南气流将孟加拉湾的水汽源源不断地输送至华北地区和沿着副高外围西南气流从南海海面向华北地区输送暖湿气流的水汽(张景等,2019)。利用 NCEP 再分析资料对比湿、水汽通量散度进行计算,

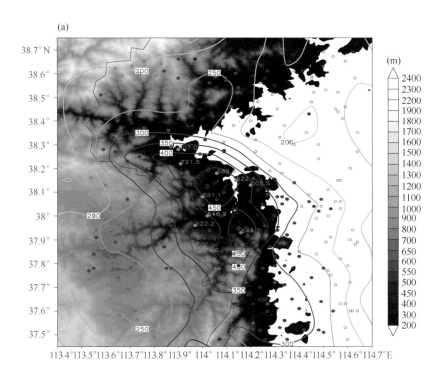

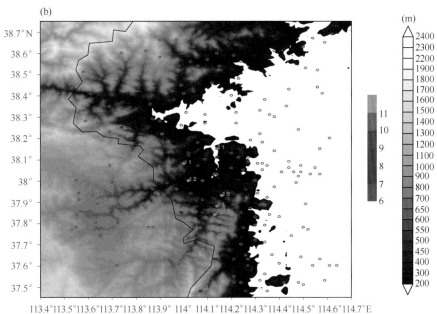

图 3.12　2017 年 7 月 19 日 02 时—22 日 08 时降水实况

(a)总降水量(等值线为格点实况,圆点为观测站);(b)短时强降水(雨强超过 20mm/h)出现的频次(单位:h)

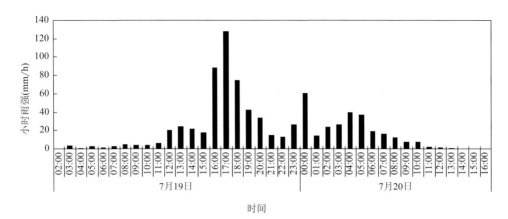

图 3.13　嶂石岩站过程降水小时分布（单位：mm）

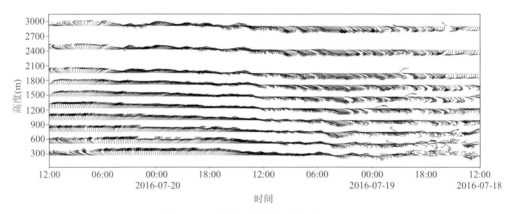

图 3.14　石家庄风廓线时序图（UTC）

分析表明：随着偏东风的加强，水汽向西输送（图略），并在山前积聚。到 19 日 20 时，比湿和水汽通量散度在山坡处均为大值区，且与同纬度的雨量分布对应较好（图 3.15）。使用自动站资料计算的地面水汽通量散度辐合大值区同样沿太行山东麓分布（图略）。

暖湿气流遇山阻挡，水汽累积，造成整层的大气可降水量分布东西差异明显（图 3.16），114°E 为分界线，其东侧沿太行山东麓可达 60～70mm。

### 3.2.2.2　地形对能量分布的影响

闪电定位仪监测显示，19 日太行山东麓、华北南部有闪电（负闪多于正闪，图略），表明当日具有一定的不稳定能量，为此使用 NCEP 再分析资料，计算了假相当位温水平及其垂直分布（图 3.17），沿山地区为假相当位温的大值区，山前边界层存在假相当位温大值区，其上为小值，存在位势不稳定层结（$\partial \theta_{se}/\partial p > 0$）。

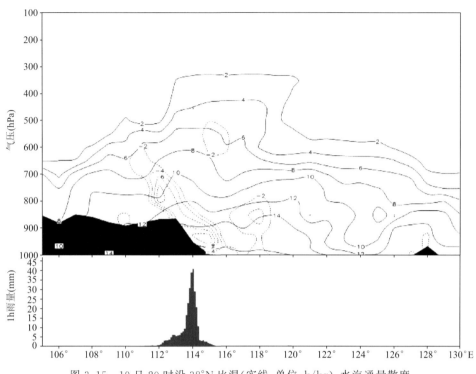

图 3.15　19 日 20 时沿 38°N 比湿(实线,单位:k/kg)、水汽通量散度

(虚线,单位:$10^{-5}$g/(s・cm$^2$・hPa))及同时刻 1h 雨量(实心柱,单位:mm)

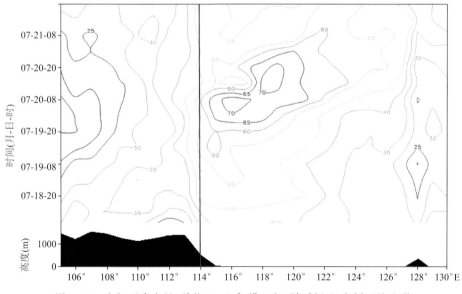

图 3.16　大气可降水量(单位:kg/m$^2$)沿 38°N 随时间-经度剖面及地形

高度(阴影)的对应关系

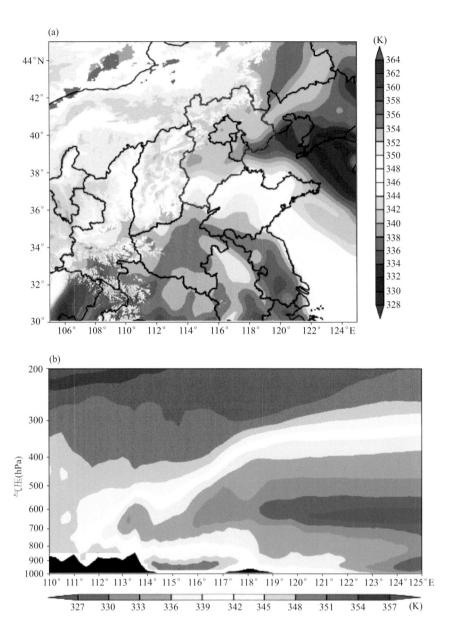

图 3.17　假相当位温的(单位:K)在 900hPa 高度上水平分布(a)和沿 36°N 纬向-高度剖面(b)

### 3.2.2.3　地形对垂直运动的影响

石家庄西部的地形对风场有两个方面的影响,一是喇叭口地形对偏东风有辐合抬升的作用;二是地形的强迫抬升。

根据地面自动站风场可以计算出散度,结果表明(图 3.18),在石家庄西部山区的喇叭口区域存在明显的散度负值中心,即该处为辐合中心。从 19 日 11—17 时,随着东风的加强,辐合中心强度也明显增强。大气低层的辐合有利于垂直上升运动的发展,使系统进一步加强。

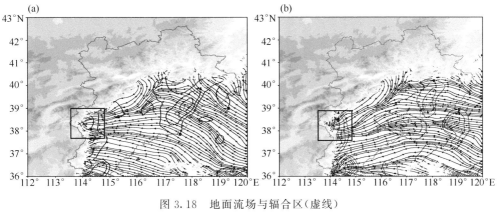

图 3.18　地面流场与辐合区(虚线)

(a)19 日 11 时;(b)19 日 17 时

在各种地形降水机制中,Smith(1979)提出的"迎风坡降水机制"是一种比较简单但是很重要的机制:气流经过地形时,由于地形的阻挡作用,气流被迫沿坡爬升。在抬升过程中,气流携带的水汽逐渐达到饱和而产生凝结降水。

利用地面自动站风场、地形高度数据根据公式(3.1)可以计算得到因地形坡度引起的上升速度。

$$W_t = V \cdot \nabla h \tag{3.1}$$

式中,$V$、$h$、$W_t$ 分别为地面风、地形高度和垂直速度。

从公式可以看出,地形引起的上升运动与地形坡度以及盛行风在地形梯度投影方向的风速大小有关。分析地形产生的上升运动(图 3.19),在 19 日 11 时石家庄盛

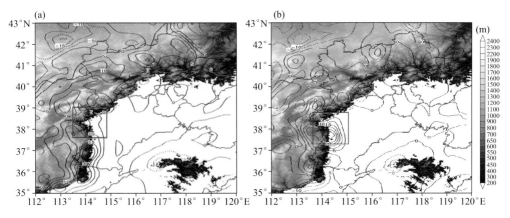

图 3.19　地形引起的上升运动区(单位:$10^{-2}$ m/s)

(a)19 日 11 时;(b)19 日 22 时

行东南风,上升运动主要出现在石家庄西部山区的喇叭口地形的北坡,但因地面风速小,垂直速度值较小;随着系统盛行风向从东南风转为东北风,地形造成的垂直上升运动区从石家庄西北部山区转为西南部山区。到 19 日 22 时,此时盛行偏东风转为东北风,上升运动主要出现在石家庄西部山区喇叭口地形的南坡。由于风速比第一时段大,上升运动较大。

之前分析显示,在山前不但有丰富的水汽累积,还存在潜在的对流不稳定,那么地形造成抬升以及喇叭口的辐合作用,使得整层抬升,不稳定能量释放促进上升运动发展,降水系统加强。

VDRAS 反演的边界层风场与回波叠加显示(图 3.20),在石家庄西部地区,中尺度地形的汇合和上山作用使得上升运动加强,回波强度及伸展高度明显高于同纬度其他区域,这是造成该地强降水的主要原因。

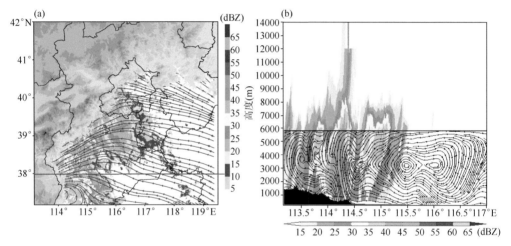

图 3.20　19 日 19 时地形与边界层流场(a)及回波分布及垂直剖面(b)

(阴影为反射率因子,单位:dBZ)

## 3.2.3　地形影响下降水变化

### 3.2.3.1　降水率的分布特征

根据大气中的湿度、温度的分布情况可由(3.2)式计算凝结函数:

$$F = \frac{q_s T}{P}\left(\frac{LR - c_P R_v T}{c_P R_v T^2 + q_s L^2}\right) \tag{3.2}$$

降水率可根据垂直速度和凝结函数通过(3.3)式来推算:

$$M = -\int_{P_s}^{0} \delta F \omega \, \mathrm{d}p \tag{3.3}$$

式中,$\omega$、$F$、$M$ 分别为上升速度、凝结函数和降水率;$\delta$ 为符号函数。

当比湿大于饱和比湿,即 $q \geqslant q_s$,且 $\omega < 0$ 时,$\delta = 1$;反之,$q < q_s$,且 $\omega > 0$ 时,$\delta = 0$。因为空气未饱和时,或虽已饱和但仍存在下沉运动时不发生凝结降水。

上述分析表明,受地形影响,石家庄西部地区有水汽和能量的累积,上升运动强,由此可以定性推断在此地的降水率会明显大于平原地区。应用 NCEP 再分析资料计算了降水率结果显示(图 3.21)在受偏东风影响期间强降水主要出现在山区,最大小时雨强 > 100mm/h。但受资料分辨率的限制,其地形特征反映不够精确。

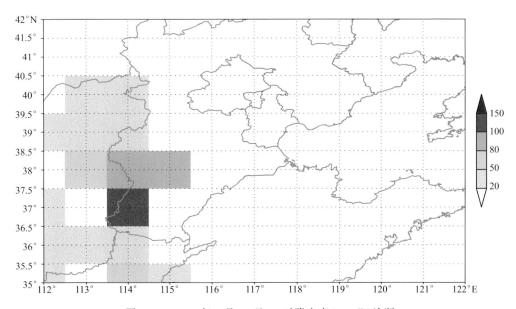

图 3.21　2016 年 7 月 19 日 14 时降水率(mm/h)诊断

### 3.2.3.2　雷达反射率因子的地形分布

刘裕禄和黄勇(2013)在针对黄山山脉地形对暴雨降水增幅条件研究中指出,高地势可能增强降水,但不是唯一的因子,降水总是与强对流相关。雷达是目前探测中小尺度系统的有效途径之一。这里将反射率因子达到 30dBZ 作为单体识别阈值,对组合反射率因子进行统计发现:较强的降水回波(30dBZ)持续 16h 以上的区域位于石家庄东南部山区,海拔高度在 200~800m,与 400mm 降水区对应较好;其间个别地区的经历时间超过 20h,与极值中心对应(图 3.22)。

由降水极值中心嶂石岩上空的回波时序图可以看到(图 3.23),强回波影响时段长,具有列车效应;强降水时段回波伸展高度较高,18.3dBZ 代表的回波顶伸展高度超过 8km,强回波中心大部分时段集中在 5km 以下,有利于产生高效的降水,具有强降水典型的分布特征。

### 3.2.3.3　复杂地形下山区降水随风场的变化

孙继松(2005a)曾指出在华北地区的降水分布与地形对不同垂直分布气流的影

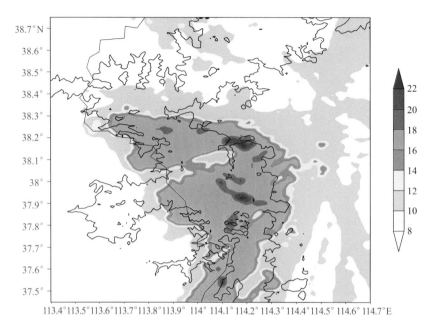

图 3.22　反射率因子超过 30dBZ 回波影响时间分布(单位:h)

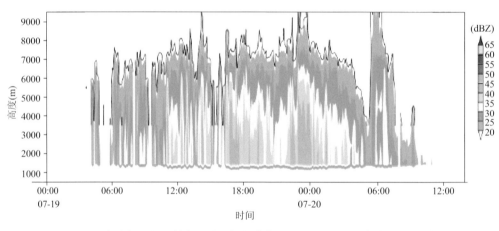

图 3.23　嶂石岩上空反射率因子(阴影,单位:dBZ)和回波顶(实线)演变时序图

响有密切的关系。当低空偏东气流随高度减小时,降水主要落区位于太行山东侧,最大降水中心的位置与山体的坡度有关。在同样环境背景下,风速的垂直分布也是造成山区降水明显差异的原因之一。图 3.24 给出了三组对比站的空间分布。1—3 号站为东南风阶段的代表站,分别代表深山站、半坡站和平原站;4—6 号站为东—东北风阶段的代表站,其沿一条山谷排列,分别代表山顶、沟中段、沟前段;7—9 号站为偏北风阶段的代表站,分布与山走向垂直。

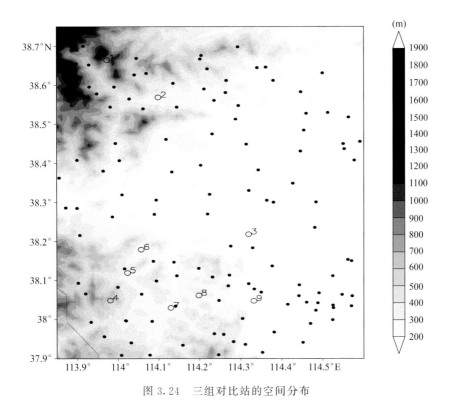

图 3.24　三组对比站的空间分布

分析石家庄西部降水分布发现(表 3.1):东南风阶段(19 日 08—13 时),石家庄北坡半山坡(2 号站)出降水量最大达到 112mm。雷达回波也表明半山坡一带长时间存在降水回波,使降水持续时间长于山顶和平原(图 3.25a),造成累积降水较大。对比山下平原 3 号站 64mm 降水,地形造成大约 1 倍左右的增幅。

表 3.1　不同环境风下地形造成的降水量差异对比(单位:mm)

| 东南风阶段 | 位置 | | 深山(1 号) | 半山(2 号) | 平原(3 号) |
|---|---|---|---|---|---|
| | 降水量 | | 89.2 | 112 | 64 |
| 东北风阶段 | 位置 | | 山顶(4 号) | 沟后段(5 号) | 沟前段(6 号) |
| | 降水量 | 前期 | 78.5 | 136.8 | 259.5 |
| | | 后期 | 102.2 | 96.1 | 43.2 |
| 偏北风阶段 | 位置 | | 山谷(7 号) | 山区(8 号) | 山前(9 号) |
| | 降水量 | | 117.2 | 115.3 | 123.8 |

东北风阶段(19 日 15—21 时),石家庄南坡出现极端降水。1.5km 以上高空受东南风控制,风的垂直切变大。且从回波移动来看,回波在北上过程中沿太行山移动,列车效应明显,且强度均超过 30dBZ(图 3.25b)。纵观第二阶段降水,可按东风

急流风速变化分为前后两段,19 日 19 时之后低空急流风速和厚度都明显增加。对比处于同一山沟中的 4、5、6 三站降水,估计地形增幅前期为 1～2 倍,后期大致在 2 倍左右。

偏北风阶段(19 日 23 时—20 日 05 时),选取与山走向垂直分布的 8、9、10 三个站,降水量级没有明显差异,回波频率也大致相当(图 3.25c),地形作用不明显。

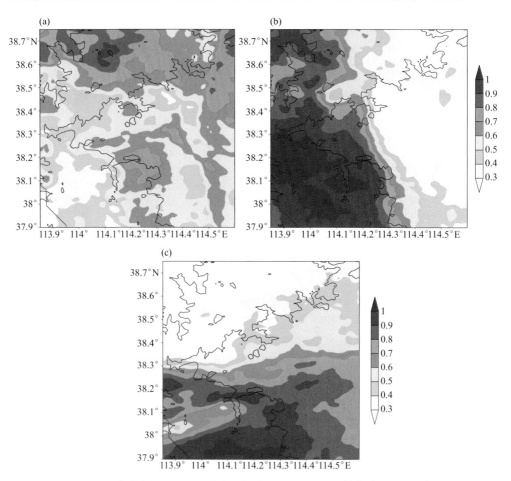

图 3.25　三个阶段≥30dBZ 回波出现频率(阴影)与地形(等值线为 200m 高度)
(a)19 日 08—13 时;(b)19 日 15—21 时;(c)19 日 23 时—20 日 05 时

此外,也有研究指出(符娇兰等,2017)强降水沿山造成的冷池加强了平原与山区的温度对比,形成明显的中尺度锋区,此锋区产生的次级环流加强了动力抬升作用,对山区暴雨有正反馈作用。孙继松(2005b)在分析北京地区夏季局地边界层急流的基本特征中也指出,夏季高温背景下,平原与山区之间温度梯度方向、强度的变化是边界层急流形成或消失的直接原因,局地暴雨与边界层急流之间存在明显的正反馈现象。

综上所述,在有利的大尺度环流背景条件下,与中尺度系统发展密切相关的暴雨及其雨带和特殊的山地强迫有明显关系。已有研究(吴翠红等,2013)指出地形影响降水的动力、热力及微物理过程都较为复杂,而太行山东麓地形地貌复杂,多沟壑,其对降水的影响作用还有待进一步深入研究。

### 3.2.4　中尺度地形影响试验

随着数值预报技术的发展,地形敏感性试验在地形对暴雨影响研究中得到广泛应用。范广州和吕世华(1999)利用 NCAR RegCM2 研究了地形对华北地区夏季降水的影响,当地形高度降低时,该地区夏季降水明显减少,其可能原因是,地形高度降低后,华北地形迎风坡抬升作用减弱,从而山前降水减少,以及华北地区 500hPa 高度场明显减弱,不利于夏季副热带高压加强北跳,从而使华北地区夏季降水减少;王莉萍等(2006)利用 MM5 模式对 2000 年 8 月华北一次暴雨过程进行模拟研究,通过改变地形高度的敏感性试验发现,华北西部、北部地形对暴雨的影响很大,当降低地形高度后,雨区位置和强度均发生变化;廖菲等(2009)用 ARPS 模式对 2005 年 7 月22—24 日的华北暴雨过程的地形敏感性试验表明:地形高度变化对水平和垂直流场的大小和分布都有较大影响;地形高度增加有利于迎风坡附近水平风场辐合和垂直上升运动发展,这对云的垂直和水平发展影响都很大,尤其是对中高层云的发展影响最明显,并且能明显扩大地面降水的分布范围,地面最大降水量也有所增多。以上工作的敏感性试验均是基于地形高度的变化,但地形是客观存在的,下面着重研究不同分辨率的地形数据在模拟中对降水及环境场的影响。

#### 3.2.4.1　试验方案

利用 WRF 模式,采用双重嵌套,内层分辨率为 3km,控制试验选用 30″分辨率的地形数据,对比试验选用 2′分辨率的地形数据。试验的物理方案不变,边界层选用YSU 方案,微物理过程选用 Tompson 方案,关闭积云对流。

将 19 日太行山地形降水作为研究重点,因此选用 NCEP 再分析资料从 18 日 20时开始积分 36h。

#### 3.2.4.2　结果分析

对比两种分辨率下模式的地形(图 3.26),发现二者在大部分地区相差不大,控制试验地形高度在石家庄西北部山区要低于对比试验,而在西南部地区海拔高的地方,小高山的地形是高于对比试验,谷地则低于对比试验,这反映出对比试验的地形更为平滑。

从累积降水量模拟效果(图 3.27)可见,两个方案均模拟出本次大暴雨过程的地形分布特征,在太行山的迎风坡有 250mm 以上的强降水,但控制试验的降水量更大,模拟出 450mm 的极端降水(图 3.27a、b)。就石家庄西部地区而言,北坡降水在

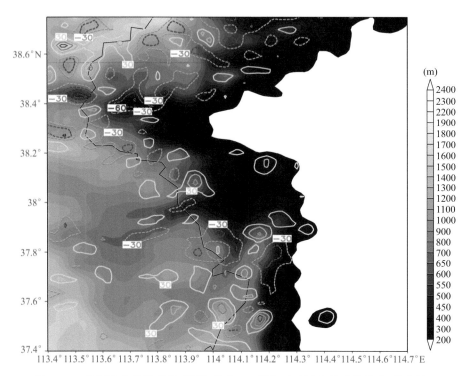

图 3.26　控制试验地形高度(阴影,单位:m)及与对比试验地形的偏差(等值线)

100～150mm,南坡降水量级更大,控制试验的中心强度达到450mm(图3.27d),其400mm范围分布与实况基本一致。对比试验较控制试验偏小(图3.27c),偏小区域主要出现在200～800m高度范围内,即强降水出现的地区,偏差可达150mm(图3.27e)。同时在地形偏差分布图上,该区域迎风面地形误差较大,为此,后面将选定(37.8°—38.2°N,113.9°—114.4°E)这一地区作为主要分析区域,并根据降水实况将(37.95°N,114.15°E)作为参考点,该站实际累积降水量达到600mm。

　　对于参考点(图3.28),控制试验模拟出450mm的降水,与实况较为为接近。19日18—20时模拟的雨强最大,超过50mm/h,其中18时比对比试验偏高明显(图3.28a)。对比动力和水汽条件,发现控制试验与对比试验(图3.28b)垂直速度在19日下午到傍晚和20日凌晨存在明显差异,18时对应强降水出现上升运动中心,且明显高于对比试验,这可能是造成其降水差异的原因之一。水汽条件(图3.28c)则表现差别不大,特别是在边界层中,其比湿均达到15g/kg,差别较大的区域在700hPa附近,出现时间与垂直速度差异时间有密切关系,这有可能是由于水汽的垂直输送造成的。

　　上述分析表明,控制试验与对比试验的明显差异表现为动力方面,即地形对动力的影响更为显著。

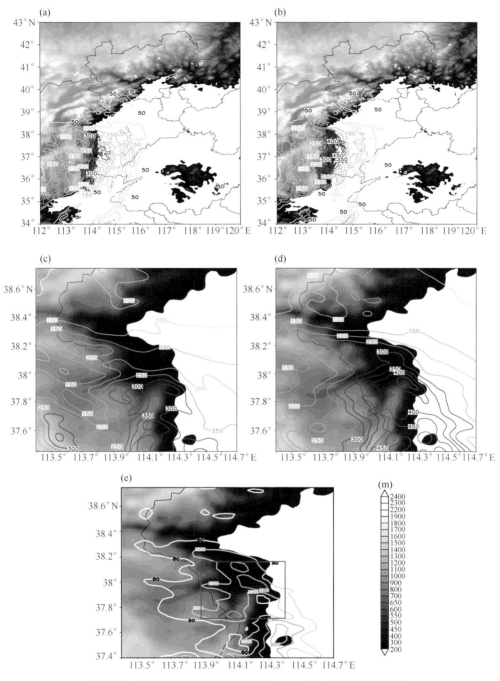

图 3.27　累积降水量模拟结果(单位:mm,(a)、(c)为对比试验;
(b)、(d)为控制试验;(e)为二者之差)

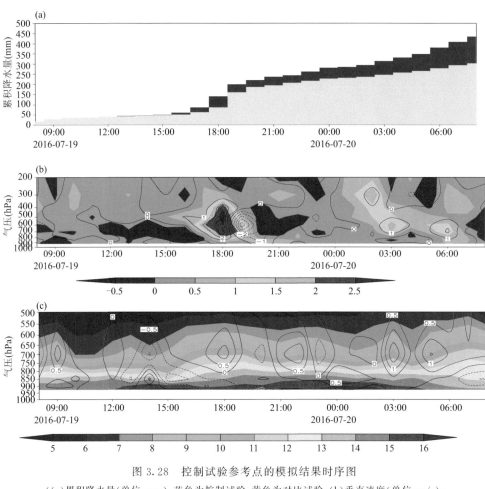

图 3.28　控制试验参考点的模拟结果时序图

((a)累积降水量(单位:mm):蓝色为控制试验,黄色为对比试验;(b)垂直速度(单位:m/s);
(c)比湿(单位:g/kg):阴影为控制试验,等值线为控制试验-对比试验)

　　分析 19 日 18 时边界层内模拟流场与散度的分布情况(图 3.29)可以看到,控制试验 10m 风场在地形的北侧出现了气旋式环流,并伸展到 900hPa 以上,伴有明显的辐合,有利于强降水在本地区的维持;而对比试验流场与地形关系主要表现为靠近地形风速减小,产生的风速的辐合,其数值要小于控制试验。从模拟的纬向剖面图可以看到,控制试验中太行山东坡坡度略陡,过程前期低层偏东风影响产生的上升运动较为微弱,到 19 日傍晚前后,偏东风加强,地形上低层地形抬升的上升运动与高层上升运动重合,与高空西风气流形成纬向环流圈(图 3.30)。

　　综上所述,尽管不同分辨率的地形在模式中的差别不大,但在模拟过程中对流场分布仍有着较大的影响,精细的地形降水模拟效果更好,可以更好地反映出小尺度的环流系统。

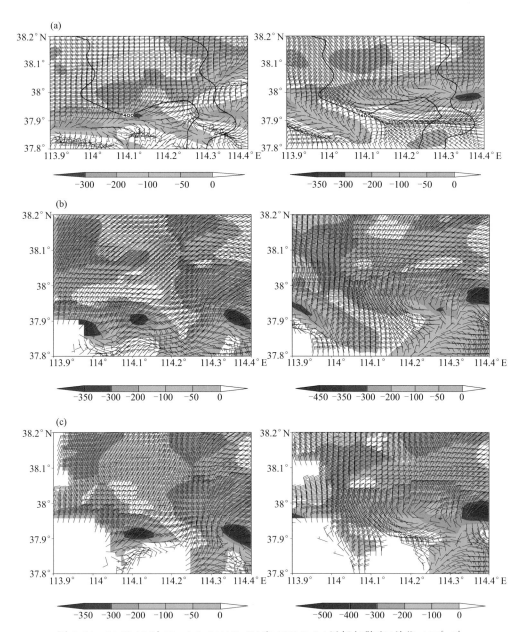

图 3.29　19 日 18 时 10m(a)、900hPa(b)和 925hPa(c)风场与散度(单位:$10^{-5}\,\text{s}^{-1}$,
阴影表示辐合区)分布(左图为对比试验,右图为控制试验)

## 3.2.5　小结

由"16·7"特大暴雨雨情入手,采用诊断的方法重点分析了太行山对水汽、能量、垂直运动的部分影响,并详细讨论了风垂直分布对降水变化的观测事实,通过数值模

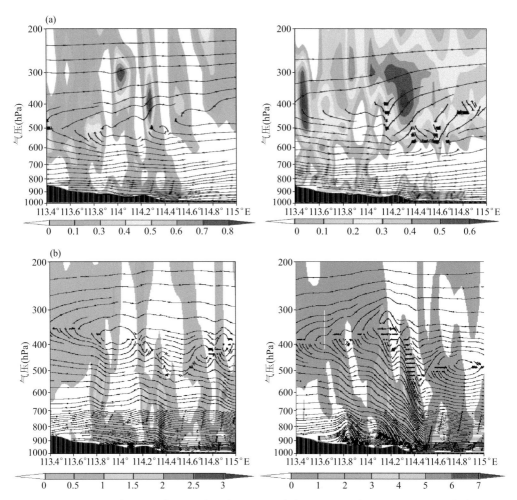

图 3.30　37.95°N 纬向 u-w 流场及上升运动区(阴影,单位:m/s,左图为对比试验,右图为控制试验)

(a)19 日 13 时;(b)19 日 18 时

拟试验分析了不同分辨率的地形数据在本次极端降水过程中的表现及对降水的影响,得出如下结论。

(1)偏东风低空急流(边界层急流)暖湿输送有利于水汽积聚、对流不稳定能量的建立,从而有利于太行山东麓对流性降水的产生。

(2)由于偏东风急流强盛,与太行山走向近乎垂直,地形抬升和辐合的共同影响,太行山东麓垂直上升运动强盛。

(3)有利的大尺度环流背景条件,太行山地形强迫使得东麓地区中尺度系统发展,降水率大值区沿山分布,与中尺度密切相关的强降水形成列车效应。

(4)精细的地形降水模拟与实况更为接近,能够模拟出中小尺度环流系统。

# 第 4 章　多源非常规资料的应用

在 2016 年 7 月 18—21 日华北特大暴雨过程中,由于其中尺度系统演变的复杂性,包括地形暴雨的增幅、地面气旋的非对称降水等,精细化预报的准确率还有待提高。本章通过分析双偏振雷达、风廓线、微波辐射计、VDRAS 资料、地面加密自动站等在强降水过程中的作用,为多源观测资料在实际预报业务应用提供些许参考。

## 4.1　双偏振雷达资料分析

尽管多普勒天气雷达在国内已经应用了多年,但双偏振天气雷达应用较少。偏振技术极大地提升了我们对云微物理的认识及定量降水精度。目前雷达偏振技术的业务应用仍处在初级阶段,尤其在用偏振雷达数据进行天气灾害预警和预报方面还有很大的研发空间(Zhang,2018)。降水可分为层状云降水和对流性降水。层状云降水是由于缓慢上升的暖空气导致层状云的冰晶融化而形成的,其重要的标志是雷达反射率因子图像中的融化层高度处出现所谓“亮带”的较强回波。对流性降水中,潮湿的空气上升并达到过饱和状态时,水汽凝结形成云滴,成为积云,当云滴变大后就开始降落,并通过碰并过程进一步增长,碰并增长和碰撞破碎是影响雨滴微物理特性的主要物理过程(如雨滴大小和数密度)。双偏振雷达可识别出微物理结构特征,这对于认识降水发展演变过程、降水微物理过程、致雨物理机制及雷达定量估测降水等具有重要意义。双偏振雷达能发射和接收水平和垂直偏振波,结合客观的分析方法,能够获得采样体积内雨滴的平均形状、大小和水凝物相态等微物理信息(Bringi 和 Chandrasekar,2001),为研究降水的微物理结构提供了有力的支撑。Shusse 等(2009)利用日本冲绳的 C 波段双偏振雷达发现梅雨期对流可分为孤立的对流和镶嵌在大范围层云中的对流。虽然两者的高度都比较低,但是它们的微物理特征却有明显的差异。

2016 年 7 月布设在邢台皇寺国家气象站的车载 724XSP 全固态双偏振多普勒天气雷达是一部采用全固态发射机和全相参体制的双偏振多普勒天气雷达,该雷达具备水平、垂直两个通道的发射机和接收机,能工作在双发双收、单发双收等多种工作模式,同时采用脉冲压缩和脉冲补盲技术,具有更高的探测精度和系统稳定度。除能探测强度、速度、谱宽等参量外,724XSP 天气雷达还能探测多种偏振量,如差分反射率因子 $Z_{DR}$、差分传播相移 $\phi_{DP}$、差分传播相移率 $K_{DP}$、相关系数和线性退偏振比。

该雷达主要应用于实时天气观测、短时天气精确预报、应急气象保障和人工影响天气,具备降水粒子相态识别的能力,是目前国内比较先进的 X 波段天气雷达。雷达扇扫层数 14 层,仰角设置范围从 0°～90°,分别为 0.50°、1.45°、2.40°、3.35°、4.30°、5.25°、6.20°、7.50°、8.70°、10.00°、12.00°、14.00°、16.70°、19.50°,方位分辨率 1°,完成一次体扫约 6min。

2016 年 7 月 19—20 日特大暴雨过程(简称"16·7"特大暴雨)期间,邢台皇寺国家气象站车载 X 波段双偏振雷达有间断的观测资料,有效探测半径约 60km,其中 19 日 05—10 时、12—17 时资料缺失,故以早晨(19 日 04:19)、中午(19 日 11:20)、午夜(20 日 00:21)三个时次分别代表高空槽前暖区降雨阶段、高空槽降雨阶段、黄淮气旋降雨阶段,通过分析双偏振雷达资料揭示不同阶段降雨中对流的微物理特征。

### 4.1.1 高空槽前暖区降雨阶段

19 日 04:19 前后,河北受西来槽前暖区影响,雷达回波拼图上(图 4.1)可见,河北有零散对流发生,X 波段双偏振雷达图上(图 4.2)邢台皇寺北侧、东侧、东南侧分别有小块分散性对流回波出现,40dBZ 的范围为几千米,最大反射率因子为 55dBZ,造成的小时雨量为 10～16mm。7.9°仰角速度图上正负速度大值位于距离雷达 30km 远的高度约 5km 处,高空中层有急流存在,风向为西南风。

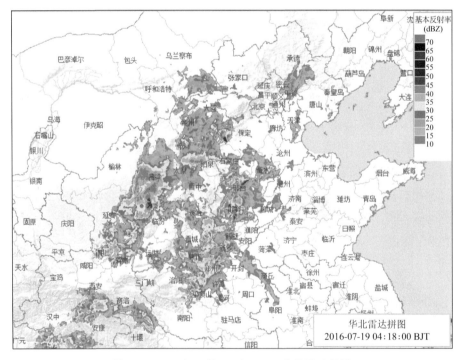

图 4.1  2016 年 7 月 19 日 04:18 华北雷达拼图

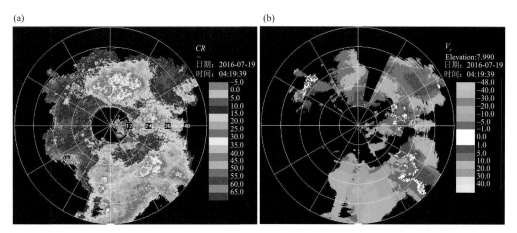

图 4.2　2016 年 7 月 19 日 04：19 皇寺双偏振雷达组合反射率因子($CR$)(a)和 7.9°仰角速度图($V_r$)(b)

　　沿双偏振雷达径向作北侧、东侧两块较强回波各因子的剖面图(图 4.3)，反射率

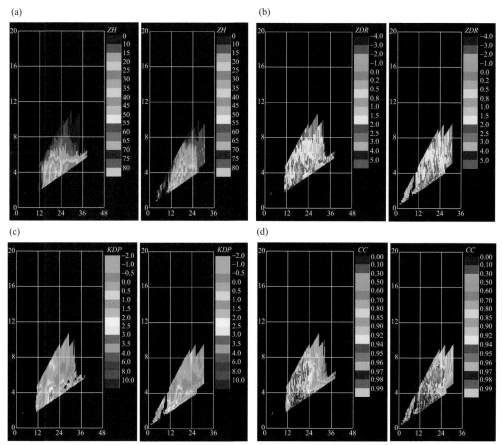

图 4.3　沿双偏振雷达径向作北侧、东侧两块较强回波的剖面图

(a)反射率因子($Z_H$)；(b)差分反射率因子($Z_{DR}$)；(c)差传播相移率($K_{DP}$)；(d)相关系数 $CC$

因子($Z_H$)在 40dBZ 以上的较强回波主要位于 5km 高度以下(当天邢台探空 0°层高度约 5km),以暖云降水为主,垂直结构有回波悬垂特征,类似于大陆型强对流回波;差分反射率因子($Z_{DR}$)和差传播相移率($K_{DP}$)大值区都与 $Z_H$ 位置相当,最大值为 3dB 和 3.5(°)/km,且相关系数($CC$)都在 0.97 以上,表明暖云中大雨滴较多。因低仰角资料缺失,无法确定低层雨滴特征。

### 4.1.2 高空槽降雨阶段

19 日 11:20 前后,中纬度低槽逐渐靠近,雷达回波拼图上(图 4.4)清楚地看到带状回波,强回波镶嵌其中。X 波段双偏振雷达图上(图 4.5)邢台皇寺北侧、西侧、南侧块状回波增多,强度有所减弱,几千米范围的 30dBZ 的较强回波连成片,最大反射率因子为 40dBZ,造成的小时雨量为 10～33mm,主要位于河北西南部、太行山区和丘陵区。7.9°仰角速度图上正负速度大值位于距离雷达 24km 远的高度约 3～4km 处,高空低层有急流存在,风向为东南风。

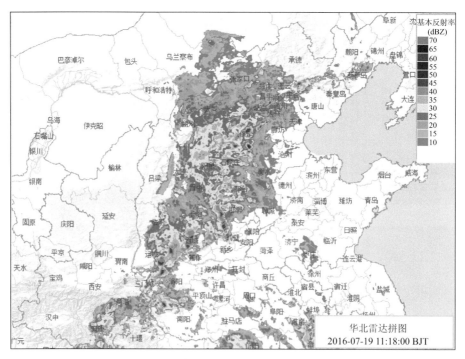

图 4.4　2016 年 7 月 19 日 11:18 华北雷达拼图

沿双偏振雷达径向作北侧、西侧两块较强回波各因子的剖面图(图 4.6),反射率因子($Z_H$)、差分反射率因子($Z_{DR}$)和差传播相移率($K_{DP}$)大值区位置都相当,最大值分别为 40dBZ、2dB 和 3(°)/km,较早晨都有所减弱,且较强中心高度下降至 4km 以下,

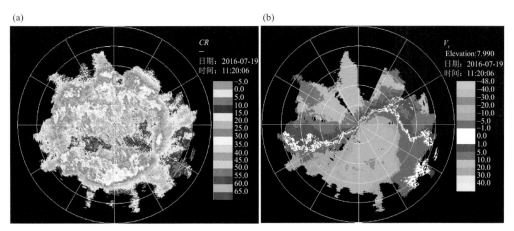

图 4.5　2016 年 7 月 19 日 11:20 皇寺双偏振雷达组合反射率

因子($CR$)(a)和 7.9°仰角速度图($V_r$)(b)

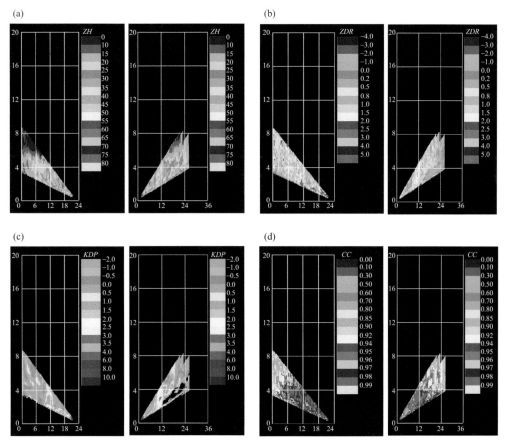

图 4.6　沿双偏振雷达径向作北侧、西侧两块较强回波剖面图

(a)反射率因子($Z_H$);(b)差分反射率因子($Z_{DR}$);(c)差传播相移率($K_{DP}$);(d)相关系数($CC$)

相关系数(CC)在 0.97 以上,表明暖云中以雨为主。与槽前暖区降水相比,雨滴数目和尺寸都减小。而此时北侧回波块对应雨强是增大的,应该与较强回波持续时间更长有关。

### 4.1.3 气旋降雨阶段

20 日 00:21 前后,处于黄淮气旋北上直接影响河北时段,雷达回波拼图上(图 4.7)看到河北有螺旋状的大片对流回波,X 波段双偏振雷达图上(图 4.8)邢台皇寺西、南侧 30dBZ 的较强回波连成片,强度再次加强,反射率因子为 45dBZ 的回波呈西北—东南带状,造成的小时雨量达 60~102mm。强回波外侧无回波,表明有大而密的雨滴造成非常强的降雨使 X 波段雷达衰减很严重。速度图上正负速度对位于靠近雷达的位置,高度在 1km 附近,表明边界层急流达到 20m/s 以上,与 19 日早晨和中午相比,急流核明显下降,风向转为偏东风。中层以下的风向由早晨西南风转向中午东南风再转到夜间偏东风,可见影响系统从槽前到气旋影响的转变。

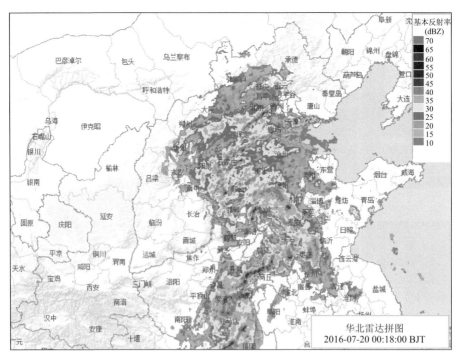

图 4.7　2016 年 7 月 20 日 00:18 华北雷达拼图

沿双偏振雷达径向、回波长轴方向分别作西南侧较强回波各因子的剖面图(图 4.9),反射率因子($Z_H$)和差传播相移率($K_{DP}$)大值区位置相当,较 19 日早晨和中午的位置明显下降到 2km 高度附近,$K_{DP}$ 明显增大到 6(°)/km,表明雨滴的浓度非常大。

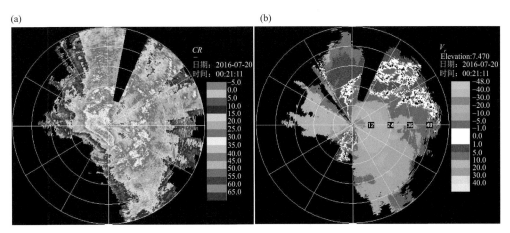

图 4.8　2016 年 7 月 20 日 00:21 皇寺双偏振雷达组合反射率($CR$)(a)和 7.4°仰角速度图($V_r$)(b)

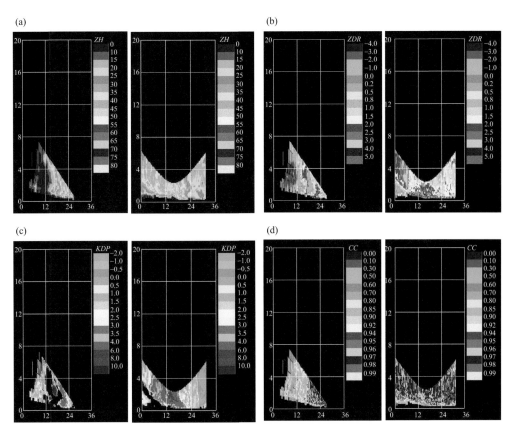

图 4.9　沿双偏振雷达径向、回波长轴方向分别做西南侧较强回波剖面图

(a)反射率因子($Z_H$);(b)差分反射率因子($Z_{DR}$);(c)差传播相移率($K_{DP}$);(d)相关系数($CC$)

差分反射率因子($Z_{DR}$)除在 2km 高度有大于 2dB 的大值外,近地层甚至达到 6dB,表明大气边界层接近饱和,雨滴没有蒸发,越靠近地面,雨滴越大,因此 $Z_{DR}$ 值越大。相关系数($CC$)大部分在 0.97 以上。较低层水汽丰沛、大雨滴积聚下落,同时长时间持续,造成此时段降雨达到最强。

### 4.1.4 小结

根据 19 日早晨、中午和午夜三个时次 X 波段双偏振雷达资料,初步分析结论如下。

(1)在降雨影响系统从高空槽前暖区转向高空槽影响的过程中,降雨回波形式由类似于大陆型对流结构转为热带型暴雨结构,$Z_H$、$Z_{DR}$、$K_{DP}$ 核心高度下降,大雨滴密集区高度下降。

(2)急流核的高度由 5km 附近下降到边界层,风向由西南向偏东风转变,可细致地探测到高空风的变化,这与石家庄风廓线雷达、石家庄 SA 多普勒雷达 VWP 产品的反映是一致的。

(3)午夜强降雨对应的强回波外侧的回波衰减严重,表明气旋降雨阶段的雨滴大且更密集。

(4)Cao 等(2008)在利用二维视频雨滴谱仪 2DVD 和双偏振雷达研究俄克拉荷马地区的降水微物理特征时,通过二者的相互比较来验证资料的可靠性。距离皇寺北侧约 35km 的临城有一部 OTT Parsivel 激光雨滴谱仪,"16·7"特大暴雨过程中的雨滴谱数据是经过修正和质控的(陈子健,2019)。其资料结合雨滴谱特征分析(图 4.10、图 4.11,陈子健提供),19 日夜间被检测到的粒子数和 1～3mm 的大雨滴数都明显增多,这与双偏振雷达探测的特征也基本一致。

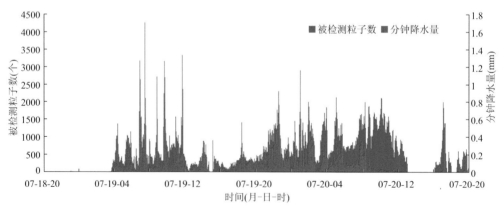

图 4.10　2016 年 7 月 18 日 20 时—20 日 20 时临城雨滴谱降水强度和
粒子数日分钟时序图

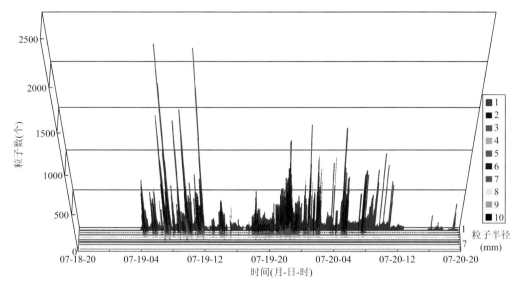

图 4.11　2016 年 7 月 18 日 20 时—20 日 20 时临城雨滴谱仪探测到的
不同粒子半径的雨滴粒子数时序图

## 4.2　风廓线雷达资料分析[①]

风廓线资料已经在很多方面得到应用,例如刘淑媛等(2003)利用风廓线雷达资料分析揭示了低空急流的脉动与暴雨关系。王欣等(2005)对廓线仪探测资料与同步探空仪资料进行对比发现:大气风廓线仪对水平风的垂直结构有较强的探测能力,能实时监测中尺度降水期间风的垂直切变和对流特征。

华北地区夏季的强降水过程中,低空急流的脉动和冷暖平流通常对强降水天气有至关重要的作用。但由于强降水在水平方向上的不均匀性,降水形成的垂直波束会使风廓线测量的水平风速有 2~4m/s 的误差,实际业务中的可用性受到质疑(吴志根和沈利峰,2010;吴志根 2012),而刘梦娟和刘舜(2016)通过对上海组网风廓线雷达数据质量评估表明,测风资料与 NCEP 分析资料的平均风场风速偏差为—0.14m/s,有较高的可用性;单楠等(2016)研究认为,风廓线雷达获取的水平风与模式给出的预报风场有较好的一致性,由风廓线雷达反演的温度平流与模式给出的温度平流属性一致,其高时空分辨率的探测更能反映大气温度平流的细节。在实际业务中,风廓线雷达能够较好地探测水平风的垂直结构,6min 的时间分辨率资料提供了降水期间风的中尺度对流特征和垂直演变,在 0~12h 的短临时效内,具有明显的

---

[①]　引自段宇辉等(2018)

参考意义。

### 4.2.1 风廓线风场资料的可信度甄别分析

董丽萍等(2014)研究认为风廓线雷达探测得到的水平风在700hPa高度以下是可信的,风向可信度随探测高度的增加而增大。但由于风廓线的探测原理,降水粒子的拖曳作用会影响风廓线风场数据,很多专家会质疑强降水过程中风廓线风场的可用性。因此,通过VDRAS资料与风廓线风场的时间垂直廓线对比分析,以及近邻站风廓线资料与邢台探空、北京观象台探空观测资料分别进行对比,甄别其资料的可用性。

#### 4.2.1.1 风廓线与VDRAS对比

VDRAS(陈明轩等,2010)系统利用快速更新循环四维变分同化技术(RR4DVar)和三维数值云模式,对京津冀6部新一代多普勒天气雷达的径向速度与反射率因子进行无缝隙快速同化,并实时融合地面自动站5min观测和RMAPS-ST中尺度数值模式预报结果,能够提供10min快速更新循环的京津冀地区3km分辨率的大气三维热动力分析场。垂直方向上分为15层,间隔为375m,第一层为187.5m,水平分辨率为5km。而王令等(2012)通过两次突发性局地强降水对比研究发现,各层VDRAS风场配置及风廓线雷达资料中水平风垂直廓线结果等方面有差异。因此,首先对比分析风廓线与VDRAS资料3km以下的风场特征与演变规律。

从图4.12中两者风场的垂直剖面随时间演变的对比分析,可以明显看出:①2016年7月18日12:00—18:00(UTC,本节以下同),由于石家庄地区处于高空槽前暖区,地面气压梯度场相对较小,风廓线雷达探测的低层风场会存在个别时次风向的突变,且风速较小,但0.6km以下北到东北风的主导风的走向是一致的,1.2km以上的东南风近乎一致;②7月18日18:00始,太行山西部山区降水开始发展,降水性质为高空槽、地面倒槽顶部的降水,两者600m以下的风场都出现了明显的东南—东北—东南—东北的风向的转变,0.9km~3.0km为东南风,与VDRAS风场近乎一致;③随着系统的发展加强,地面倒槽发展为气旋,边界层到3km高度的风场,先后转为偏东风、东北风,两者表现一致。

综上所述,石家庄风廓线雷达风场与VDRAS资料风场在降水前、中、后的对比观测有较高的相似度,风廓线风场资料在"16·7"特大暴雨降水过程中是可用的。

#### 4.2.1.2 风廓线与探空站的对比[①]

用于对比分析的风廓线雷达风场数据分别来源于邯郸市成安站(36.46°N,

---

① 引自许长义,等.风廓线雷达在"7·19"大暴雨过程中的差异特征."7·19"特大暴雨研究学术交流会,2017,河北邯郸.

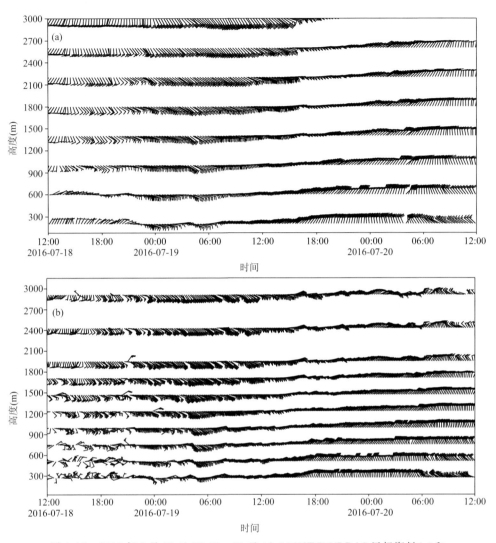

图 4.12　2016 年 7 月 18 日 12:00—20 日 12:00(UTC)VDRAS 风场资料(a)和
石家庄风廓线雷达逐 6min 的水平风垂直剖面随时间的变化(b)

114.70°E,垂直探测分辨率分别为 120m、240m)、北京海淀站(39.98°N,116.28°E,垂
直探测分辨率分别为 120m、240m)以及天津宝坻站(39.70°N,117.28°E,垂直探测分辨
率分别为 60m、120m)。该数据每 6min 或 12min 输出 1 次。垂直速度表示垂直气流
速度与降水粒子下落速度之和,此资料未经订正,这是目前风廓线雷达共同存在的
问题。

　　下面对"16·7"特大暴雨过程资料的质量进行检验评估,本文分别选取强降水发
生前后,邯郸成安站风廓线与邢台探空站、海淀和宝坻站风廓线与北京探空站分别进
行对比检验,从图 4.13 可知,成安站与邢台站风向差异很小,均在 30°范围,风速平均

差值约 3m/s,最大差值出现在 3km 高度附近,为 6m/s。可见,成安站风廓线雷达风场数据与探空资料比较接近。海淀、宝坻风廓线与北京探空站风向差异较小,风速差异在边界层较小,但对流层风廓线风速明显小于探空站风速。

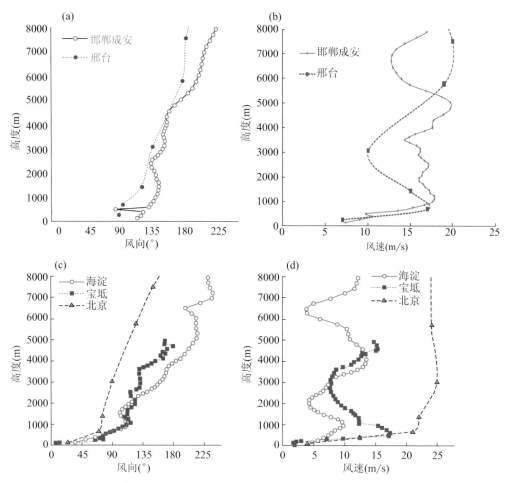

图 4.13　2016 年 7 月 19 日 20:00 邢台探空与邯郸成安风廓线雷达和 20 日 08:00
北京探空与海淀、宝坻风廓线雷达资料的风向((a)和(c))、风速((b)和(d))对比

## 4.2.2　风廓线雷达特征分析

### 4.2.2.1　边界层急流

　　追踪强降水由南向北移动,分别分析邯郸成安、石家庄、海淀、宝坻的风廓线雷达资料与降水的关系。成安站廓线图上(略)发现强降水前约 4h 前出现了双层低空急流(870～1350m 的西南急流和 1470～2910m 的东南急流),且边界层西南急流强度超过 16m/s。14:42 对流层低层转为一致的东南急流。17:36(强降水前约 1h),1590～

2550m 高度附近东南急流加强为 16m/s,且 16m/s 以上的风速大值区逐渐下传,18:12—18:18 在 1.2km 高度附近出现扰动辐合,19:00,16m/s 以上的风速大值区下传至 750m,此时成安站小时雨强达 63mm/h。边界层内急流、东风扰动在石家庄、海淀、宝坻廓线图上也存在。

以石家庄为例,从石家庄单站逐 5min 降水与风廓线风场的时序图可以清楚地看出(图 4.14),石家庄降水自 18 日 21:00(UTC,本段下同)开始,5min 雨量都在 1mm以下,以层状云降水为主,为锋前槽前暖区的弱降水。19 日 00:00 前后,边界层风场出现了风向的脉动,东南—东北—东南—偏东,风向脉动时间点则对应 5min 雨量的大值,雨量最大达到了 4.4mm。19 日 00:00—08:00,期间 3 次强降水时段都对应东风波动(东南、偏东风转东北风)。此阶段降水影响系统为高空槽前暖区、高空槽及地面倒槽。当边界层风场一直维持为偏东风后,降水强度明显减弱且维持。19 日 09:00 后,河南北部地区的地面倒槽发展加强为地面气旋(黄淮气旋),此阶段为气旋降水。当气旋向东北方向移动后,东北气流加强,600～1500m 出现了明显的东北风、偏北风 20m/s 的低空急流,降水表现为强度大、持续时间长的特点。这与陈红玉等(2016)探讨强降水发生之前,风廓线雷达资料会有中尺度急流出现的研究是一致的。当边界层风场转为西北风后,降水迅速结束。

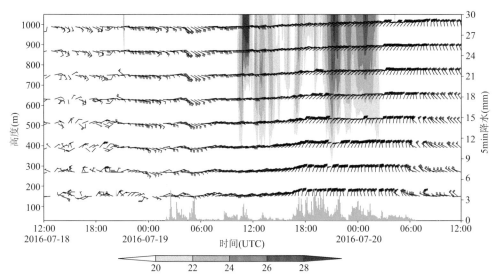

图 4.14　石家庄站风廓线风场(阴影区:≥20m/s 的低空急流,单位:m/s)、
逐 5min 降水时序图(柱状图,单位:mm)

## 4.2.2.2　风廓线风场反演温度平流的分析

风廓线反演的温度平流与降水时间也存在相应的变化特征(图 4.15):4.5km 以上为明显的暖平流控制,维持时间超过 9 个小时,随着偏东风的增强,$5.0 \times 10^{-4}℃/s$

暖平流中心迅速攀升到 7.2km 的高度,随系统发展,4.5km 出现了冷平流并随高度下降,当冷平流下降到 3.3km 后,强度增强,弱降水开始。第二个阶段,东南气流控制之下,表现为一致的低层暖平流和高层冷平流。

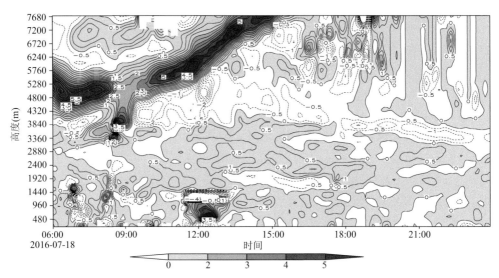

图 4.15　2016 年 7 月 18 日 14:00—19 日 00:00(UTC)石家庄站风廓线
风场反演单站温度平流(填色为暖平流,虚线为冷平流,单位:10⁻⁴℃/s)

### 4.2.3　小结

此次过程,风廓线资料在低层出现了东南风到东北风场上的脉动,对锋前暖区降水、高空槽降水的雨强大值时段具有良好的指示意义,地面倒槽反映在风廓线风场的脉动可以伸展到 0.8km 左右;北到东北风的低空急流的出现,与地面气旋降水时间段有对应关系。风廓线风场反演的冷平流高度的下降与降水时段吻合。

# 4.3　微波辐射计资料分析

### 4.3.1　微波辐射计资料的可信度甄别分析

石家庄微波辐射计位于鹿泉,型号为 Airda-HTG4 型地基多通道微波辐射计,是基于大气微波遥感技术的气象观测设备,可实现对中尺度强天气系统大气层结的监测和预警、云物理特征的监测和人工影响天气科研及业务的应用、雾霾天气等边界层大气环境质量的监测。HTG4 探测的基本产品:①亮温;②对流层温度廓线;③边界层温度廓线;④水汽密度廓线;⑤云底高度和云底温度;⑥相对湿度廓线;⑦大气柱积分水汽量;⑧大气柱积分云水含水量。温度廓线性能垂直分辨率:边界层探测模式:≤30m(0~

500m)、≤50m(500～1000m)、≤100m(1000～2000m),天顶垂直探测模式:≤50m(0～500m)、≤150m(500～2000m)、≤250m(2000～10000m)。湿度廓线的性能垂直分辨率:≤100m(0～1000m)、≤200m(1000～2000m)、≤400m(2000～10000m)。

利用 2016 年 5 月 11 日—2017 年 12 月 31 日欧洲中心 0.25°×0.25°再分析资料 ERA-Inerim 对石家庄微波辐射计资料的温度、水汽密度(990 个样本)进行检验(图 4.16)可知,温度、水汽密度的相关系数分别达到 0.99、0.92,回归系数接近于 1,说明位于石家庄鹿泉的微波辐射计探测资料是可用的。

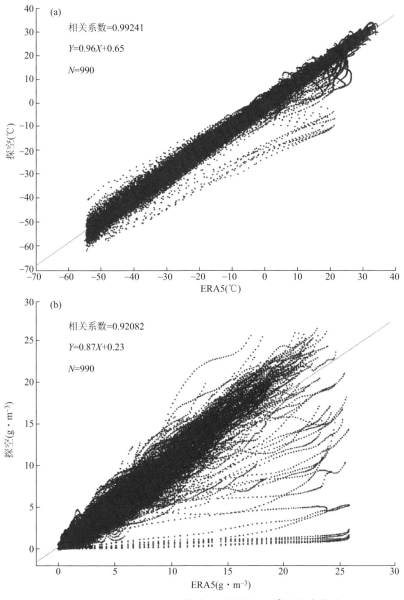

图 4.16　温度(a)和水汽密度(b)的最小二乘法拟合曲线

由于在强降水天气过程中,一些学者认为微波辐射计的探头会有一层水膜干扰,因此,对此次强降水过程之前 VDRAS 与微波辐射计观测的温度和相对湿度进行了对比分析(段宇辉等,2018)。

由于 VDRAS 资料第一层为 187.5m,因此近地层相对湿度和 26℃温度线无法体现,但从 VDRAS 和微波辐射计资料在石家庄单站的相对湿度和温度的垂直廓线对比分析(图 4.17)可以看出:辐射计资料 16℃、20℃线与 VDRAS 温度线趋于一致,但随高度误差有所增大;而相对湿度从 18 日 15:00—20:00 在垂直分布上有一个较大的区别,VDRAS 在 1.3km 以下的相对湿度达到了 85%~95%,而辐射计的相对

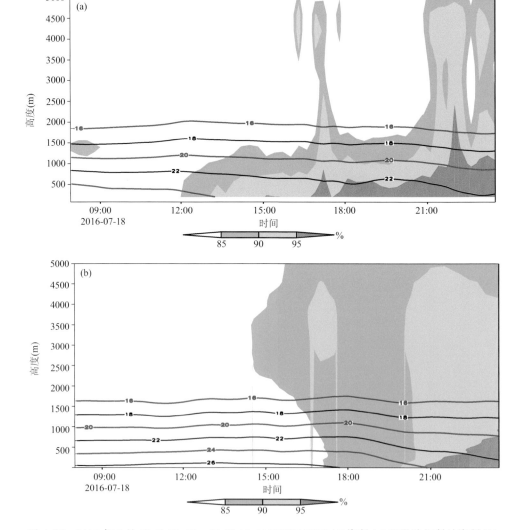

图 4.17　2016 年 7 月 18 日 08:00—19 日 08:00(UTC)VDRAS 资料(a)和微波辐射计资料(b)
相对湿度(阴影,单位:%)和温度(等值线,单位:℃)随时间演变图(段宇辉,2018)

湿度大值区在 2.0～4.0km；其原因有可能是辐射计对中低层云中水汽含量的过高估计，及 VDRAS 资料在四维变分同化中对 3km 以上相对湿度反演偏低造成的；随着系统的发展，7 月 18 日 16：00 之后，两者的垂直分布趋于一致，18 日 20：00 后，5km 以下的相对湿度迅速增加并维持在 85％以上。

因此，整体分析强降水过程之前，微波辐射计资料与 VDRAS 资料相对湿度和温度的时间垂直廓线的误差及两者的垂直分布趋于一致，因此可以用微波辐射计资料进行分析。

## 4.3.2　微波辐射计资料在强降水中的应用

地基微波辐射计能反演得到单位底面积大气柱中大气水汽和云液态水的积分含量，配合相同时间分辨率的雨强资料可得到观测点上空大气水汽、云液态水和降水的定量数值。众多学者将微波辐射计资料应用于降水研究，取得很多研究成果。敖雪等（2011）利用湖北地基微波辐射计资料得出，大气水汽含量值超过 5cm、云液态水含量值超过 1mm 可以作为判断降水临近的指标；李军霞等（2017）利用山西太原地基多通道微波辐射计资料发现初夏季节降水前 1h，大气水汽总量（$V$）、液态水含量（$L$）通常会有明显增大，一般 $V>10$mm，$L>0.3$mm，$V$、$L$ 的平均月增量分别为 7mm 和 0.6mm，$V$、$L$ 的迅速增大预示着测站上空水汽的迅速聚集，可作为降水可能发生的指示因子。

在"16·7"特大暴雨过程中，石家庄微波辐射计于 7 月 19 日 21 时之后设备故障，资料缺测。重点分析 7 月 18 日 20 时—19 日 21 时期间特征。

石家庄鹿泉站 19 日 05 时 30 分左右开始降水，从本站微波辐射计综合水汽含量演变可见（图 4.18），在降水开始前 8h 内综合水汽含量（IWV）稳定维持在 53～54kg/m²，在降水开始前 1～2h 内 IWV 开始出现一个"高—低—高—低"的先期振荡（19 日 04 时出现一个峰值到 60kg/m²，19 日 05 时达到一个峰值为 63kg/m²），后凸起猛增到 76kg/m²。对应 0.2mm/6min 雨强的 IWV 均值为 55kg/m²，峰值为 60kg/m²；对应 0.6mm/6min 雨强的 IWV 均值为 65kg/m²，峰值可达 75kg/m²。可以得出：IWV 出现振荡预示着将有降水，且具有突发性的特征，是降水即将来临的先兆；大的峰值对应大的雨强。

从微波辐射计的绝对湿度垂直廓线图可见（图 4.19a），18 日 20 时—19 日 00 时，≥12g/m³ 的大值区从 1.1km 迅速攀升到 2.0km，边界层最大达到了 19.1g/m³；在大湿度层长时间维持过程中，虽出现短期的弱波动，但清楚地看出强降水发生之前低层水汽积累是比较明显的。从微波辐射计的 850hPa（1.5km）绝对湿度的时间序列图（图 4.19b）也可以明显看出，19 日 00：00，降水发生之前的 6 个小时，绝对湿度迅速增加，由 18：00 的 11.4g/m³ 攀升到了 23：00 的 14.5g/m³，并在 14～15g/m³ 的范围上下波动，一直持续到降水开始，表明暖湿平流的水汽输送，并在石家庄地区的积累特别强盛。微波辐射计资料中绝对湿度值迅速攀升的出现时间，比单站出现降水的时间有较长的提前量（段宇辉等，2018）。

由微波辐射计反演的相对湿度可见（图 4.20）：18 日 21 时，90％的相对湿度层首先在 3～4km 的高度上出现，随时间上下扩展，厚度有逐渐加大的趋势。一直到 19 日

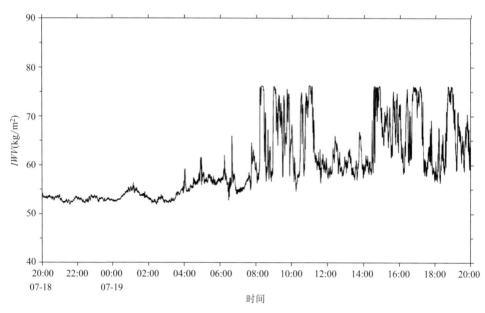

图 4.18　2016 年 7 月 18 日 20 时—19 日 20 时的综合水汽含量时间序列图

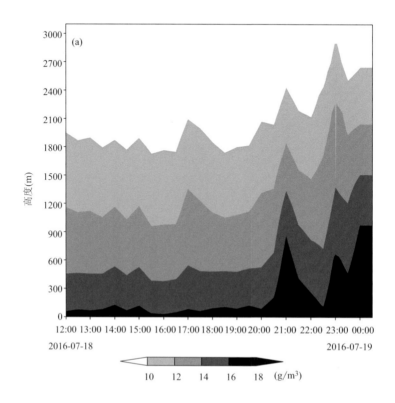

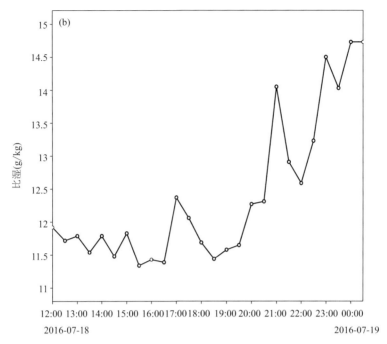

图 4.19　2016 年 7 月 18 日 12:00—19 日 01:00 微波辐射计的
绝对湿度随时间演变(a)和 850hPa 绝对湿度(b)的时间序列图(段宇辉,2018)

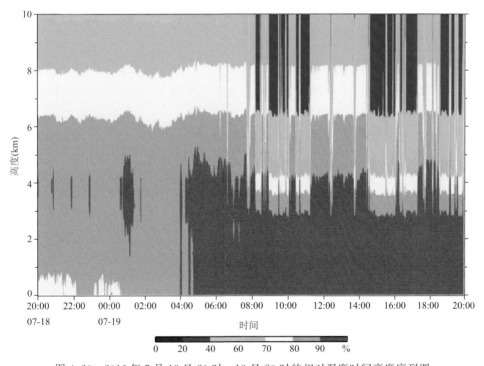

图 4.20　2016 年 7 月 18 日 20 时—19 日 20 时的相对湿度时间高度序列图

05 时开始相对湿度达到 90%，并且高度一直持续到 5km，比降水开始时间提前半小时。对应的小时雨强为 0.7mm/h；19 日 08—11 时，0～3km 相对湿度达 90%，5～10km 相对湿度<50%，大气层结转为上干下湿的不稳定层结，对应的小时雨强为11.4mm/h；12—13 时 0～4km 相对湿度＞90%，湿层深厚，对应小时雨强 2.2mm/h；14—17 时上干下湿的层结对应小时雨强 7.4mm/h。可以得出上干下湿的不稳定层结对应的小时雨强比湿层深厚的大气层结对应的小时雨强大，与牟艳彬等（2018）得出的相对湿度高值区顶随着明显降水的产生有所降低并于其上出现显著干区，"上干、下湿"的结构利于对流的维持。

### 4.3.3 小结

（1）IWV 出现振荡是降水即将来临的先兆；大的峰值对应大的雨强。

（2）湿度层首先在 3～4km 的高度上出现，随时间上下扩展，比降水开始时间提前半小时左右。而且中层出现干区后对应的小时雨强比湿层深厚时对应的雨强大。

## 4.4 地面自动站资料分析[①]

除了上述风廓线、微波辐射计等高时空分辨率的资料，能够为一线预报员提供高时效的参考资料外，地面中尺度辐合线位置及其演变，同样可以为短时临近降水预报提供重要信息。

将自动站风场与小时雨量叠加（图 4.21），分析雨强在 20mm/h 以上的中尺度雨团与地面风场的对应关系。19 日早晨到上午，受太行山前南北向中尺度辐合线影响，河北南部地面风场上有倒槽内的偏东风和偏北风的中尺度辐合线，且辐合线自东向西移动，邢台、邯郸的山前铁路沿线出现强降雨，国家站最大雨强为邢台沙河 19 日 07 时 45.3mm/h，区域自动站最大雨强为邯郸涉县关防乡 19 日 11 时 74.2mm/h；19 日下午，平原为一致偏东风且风速逐渐加强，辐合主要是山前的地形作用，深山区降雨加强，国家站最大雨强为邯郸武安 19 日 20 时 66.6mm/h，区域自动站最大雨强为石家庄赞皇嶂石岩 19 日 17 时 128.1mm/h；19 日夜间，气旋性环流中心自河南北上到邯郸境内，向北移动的速度缓慢，受气旋中尺度风场影响，太行山前转为强东北风，山前最大风速达 10m/s，河北南部既有气旋性风场辐合又有东北风在太行山南段的地形辐合，前半夜山区和山前降雨达到最强，后半夜西部降雨减弱，东部平原降雨加强，国家站最大雨强为邢台内丘 19 日 23 时 50.6mm/h，区域站最大雨强为邢台市区南大郭 19 日 23 时 138.5mm/h；20 日白天，气旋性风场向北移动，分别在邢台、保定

---

① 部分引自王丛梅."2016 年 7 月 19 日河北特大暴雨的中尺度风场结构特征"技术报告

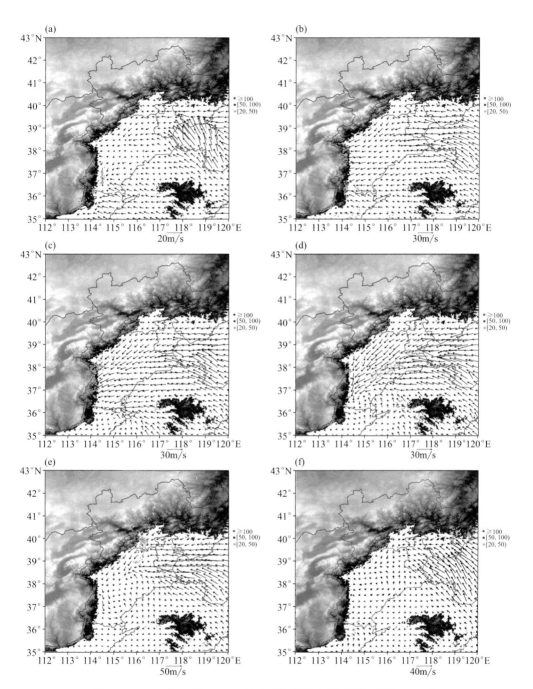

图 4.21　2016 年 7 月 19－20 日小时分级降水量(阴影,单位:mm)和
地面整点自动站风场(单位:m/s)

(a)2016-07-19 06Z;(b)2016-07-19 17Z;(c)2016-07-20 00Z;

(d)2016-07-20 04Z;(e)2016-07-20 12Z;(f)2016-07-20 20Z

和沧州附近有两个气旋性辐合中心,河北西南部地区转为气旋的后部为西北偏北风,降雨明显减弱,而河北东部平原既有气旋辐合,又有偏东风与东北风的辐合线,中尺度雨团在平原地区自南向北移动较快,而在太行山和燕山交界处中尺度辐合线维持较长时间,加上地形作用,使此地的总雨量超过东部平原,国家站最大雨强为北京大兴 20 日 12 时 44.9mm/h,区域自动站最大雨强为承德宽城碾子峪镇 20 日 17 时 71.5mm/h;20 日前半夜,气旋环流中心位于保定,风场明显减弱,唐山和秦皇岛附近有倒槽顶部的东南风和偏东风辐合线,又有山脉阻挡抬升和海岸线抬升等地形作用,降雨加强,国家站最大雨强为秦皇岛青龙 20 日 22 时 36.0mm/h,区域自动站最大雨强为秦皇岛青龙祖山 20 日 21 时 69.2mm/h;20 日后半夜,气旋性环流消失,风场减弱,燕山南麓的辐合线也明显减弱,京津冀范围内的强降雨结束,中尺度雨团向东北移至辽宁,国家站最大雨强为秦皇岛青龙 21 日 04 时 16.4mm/h,区域自动站最大雨强为承德滦平火斗山 21 日 07 时 23.5mm/h。

由上述分析可以得出地面中尺度辐合线位置及其演变,与强降水发生时间有较好的一致性。

## 4.5　结论与讨论

(1)风廓线和 VDRAS 垂直风场在"16·7"特大暴雨过程的高空槽、地面气旋降水阶段,具有很高的相似度,微波辐射计在降水发生之前的观测与 VDRAS 资料具有较好的吻合度,两者在此次天气过程中的观测资料是可用的。

(2)此次过程,风廓线资料在低层出现了东南风到东北风场上的脉动,对锋前暖区降水、高空槽降水的雨强大值时段有良好的指示意义,地面倒槽反映在风廓线风场的脉动可以伸展到 0.8km 左右;北到东北风的低空急流的出现,与地面气旋降水时间段有对应关系。风廓线风场反演的冷平流高度的下降与降水时段吻合。

(3)微波辐射计比湿、相对湿度的迅速增强对预报此次降水过程的开始,有较长的时间提前量。

(4)地面中尺度辐合线位置及其演变,与强降水发生时间有较好的一致性。

通过对"16·7"特大暴雨华北极端暴雨过程的分析表明,风廓线、微波辐射计等多源观测资料的演变特征,在实际业务中有较好的使用价值和对短临预报的指示意义,可以充分认识中小尺度系统、关键气象要素对预报订正的价值。需要指出的是,本次过程中风廓线边界层风场的脉动、反演温度平流与降水时段的吻合关系等相关特征,还需要更多的个例进行论证。地面强辐合区、组合反射率因子与小时降水强度的关系等方面均没有作细致讨论,为今后努力研究的方向。

# 第 5 章 "16·7"特大暴雨概念模型

由以上章节可知:"16·7"特大暴雨发生在华北典型暴雨的环流形势下,即:西太平洋副热带高压北抬,与大陆高压同位相叠加形成"东阻"形势;高空槽发展东移、加深切断出低涡,对应地面有气旋发展;高空槽及自华北南部北上的气旋先后影响华北,由于东部高压阻挡,气旋移动缓慢;高空急流、低空东南急流的耦合加强上升运动,低空东南急流与太行山地形动力作用。当然低涡对本次暴雨起着至关重要的作用,中低层低涡系统快速发展过程不仅与高空位涡下传有关,同时强降水造成的潜热反馈过程也起到了非常重要的作用。此次降水过程中,有中尺度系统活动,同时太行山区的中小尺度地形影响了降水的空间分布。

此次降水过程分为高空槽降水和气旋降水(图 5.1)。①高空槽降水阶段,

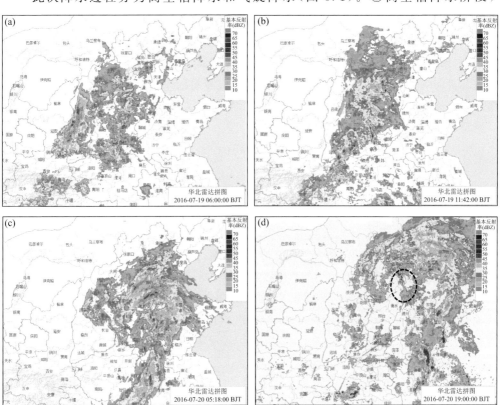

图 5.1 "16·7"特大暴雨过程中高空槽降水阶段的雷达拼图

中层弱干冷平流以及低层强暖平流是对流不稳定能量的维持机制,太行山脉与东南低空急流(对流层低层、边界层双急流)的相互作用是太行山东麓出现对流性降水的主要原因;东南风急流中东风扰动与强降水时段有很好的对应关系;太行山东麓有中尺度辐合线。当然强降水引起的冷池前沿的锋生也加强了垂直上升运动。太行山中小地形也影响了降水的分布及强度。由第4章知,此阶段降水由大陆型对流结构转为热带型暴雨结构,且大雨滴密集区高度下降,期间东南风急流中有三次扰动。②气旋降水阶段,主要与低涡生成和气旋的强烈发展有关。该阶段降水主要是气旋北侧螺旋雨带造成的强降水,由于气旋移动缓慢,降水持续时间较长,总降水量大。降水后期(图5.1d黑圈内),在气旋内部也有中尺度对流活动。

# 5.1 高空槽降水阶段的概念模型

受高空槽前、副高西侧偏南气流影响,对流层低层及边界层出现异常偏强的低空急流;对应地面华北处于倒槽顶部(图2.1)。高空槽降水阶段可细分为槽前暖区降水、高空槽降水。由雷达拼图的演变过程清楚可见(图5.1):19日02—11时,太行山东麓的强回波带、陕西与山西交界处的回波带。18日夜间太行山南段出现对流回波,并由南向北发展加强。19日02时开始进入河北邯郸,逐渐在太行山东麓形成沿山南北走向的回波带(图5.1a),此回波带中镶嵌着对流单体。此回波带是槽前暖区东南风急流与太行山地形相互作用及东南气流里的扰动造成的。19日12时以后受高空槽回波带影响(图5.1b)。

## 5.1.1 动力抬升作用

由第1章雨情分析知,降水总量及强降水持续的时间大值区均在太行山沿山一带,地形作用明显。由以上章节分析可知,东南风急流位于850hPa上下、边界层内(双急流),而太行山高度平均1500m,强劲的东风遇山抬升加强了上升运动。使用北京城市研究院VDRAS反演流场(图3.20)可见偏东气流遇太行山停滞、辐合上升,强上升支位于山前并配合强回波区,强降水出现在海拔高度200～600m附近。另外,由图4.14石家庄风廓线知此阶段边界层东风急流中有3次扰动,对应石家庄雨强加大时段。第3、4章给出了中小尺度地形、中尺度辐合线等作用。

## 5.1.2 水汽山前堆积

由于地形的阻挡,水汽在山前辐合。华北地区700hPa以下比湿大于10g/kg,从水汽通量散度(图3.15)可见山前为水汽辐合区,水汽辐合区的大小与降水强度配合。

## 5.1.3 位势不稳定

此阶段,尤其是 18 日夜间降水开始阶段,河北南部监测到闪电活动(图略)。使用 EC(era5)再分析资料(0.25°×0.25°)进行分析,假相当位温高能舌伴随东南气流在山前自南向北扩展(图略)。垂直剖面图上清楚可见(图 5.2):东南风急流自东向西厚度增加,沿山地区边界层 925hPa 为偏东风急流、850hPa 到 700hPa 东南风急流且风随高度顺转。对应假相当位温高能舌自东向西逐渐向上伸展,在沿山区域 800hPa 以下为高值区、700hPa 以上存在一明显干区,对流层中底层具有高位势不稳定能量。迎风波抬升和地面倒槽的辐合抬升作用使得位势不稳定能量释放产生强降水。

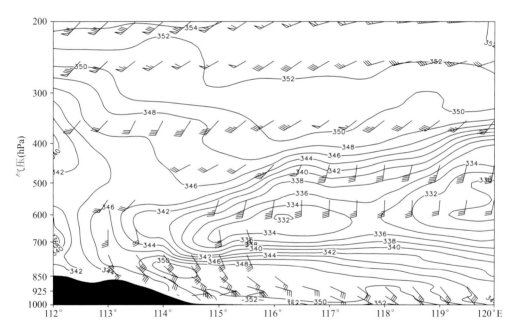

图 5.2 7 月 19 日 09 时假相当位温(实线,单位:K)与水平风(≥12m/s)的纬向剖面

综合以上分析得出高空槽降水阶段的概念模型如图 5.3 所示。

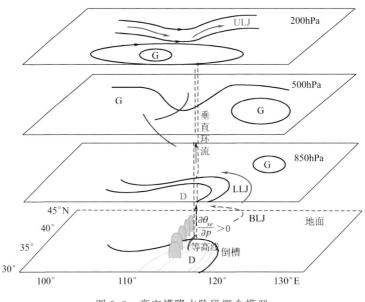

图 5.3　高空槽降水阶段概念模型

## 5.2　气旋降水阶段的概念模型

由第 2 章可知,7 月 19 日 20 时,在山西、河北和河南三省交界处低涡迅速加强(图 2.4a—c,图 2.5a—c),副高西伸加强与大陆高压脊同位相叠加形成"东阻"形势。低涡系统在华北上空停滞。地面与之对应为气旋加强发展的过程:气旋中心经河南西部和北部、河北南部向北推至京津交界一带(图 5.4),移动过程中气旋中心气压不断降低,20 日 07 时位于河北邯郸鸡泽县,海平面气压最低达到 989.1hPa(图略)。随后气旋北上,中心气压缓慢升高,于 20 日 17 时到达保定后消失。高空低涡与地面气旋中心位置基本重合,强度均加强至最强状态,发展成为一个近乎直立、深厚的低涡系统(见图 2.5、图 2.6)。同时在暖切变线附近出现了西南风、东南风和偏东风三支气流异常增强,850hPa 最大风速达到 28m/s,700hPa 最大风速达到 30m/s,且低空急流范围不断扩大,前端向华北推进。500hPa 低涡后侧也出现了 20m/s 偏北风。19日夜间至 20 日白天华北上空形成闭合完整的低涡环流以及大范围的涡旋雨带(图5.1c)。第 2 章已详细分析了低涡的形成、移动并强烈发展的成因,受其外围的螺旋雨带影响,华北出现了强降水,但与高空槽降水阶段不同的是:该螺旋雨带北移加强的过程中横扫华北平原,强降雨范围为最广,华北平原(包括京津)大部地区均出现了暴雨以上的降雨天气。降水量较第一阶段更为均匀,但降雨分布与地形仍关系密切,强降雨区域集中在平原至燕山的过渡带以及地形陡峭的地区。

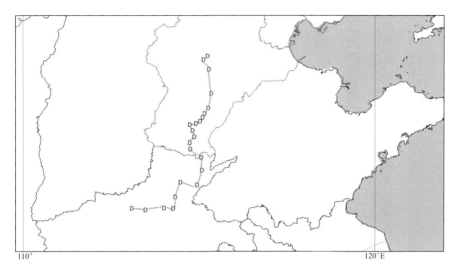

图 5.4　地面气旋的动态

与高空槽阶段的降水相比气旋阶段雨势较平缓,但雨强大于 20mm/h,螺旋回波带中嵌有对流回波(图 5.1c)。强降水落区与气旋东北侧的暖切变、能量锋区配合(图 5.5a),从假相当位温的垂直分布看(图 5.5b):降水区上空假相当位温随高度升高而降低,低值中心位于 600hPa 高度,为位势不稳定层结。此阶段的概念模型如图 5.6。

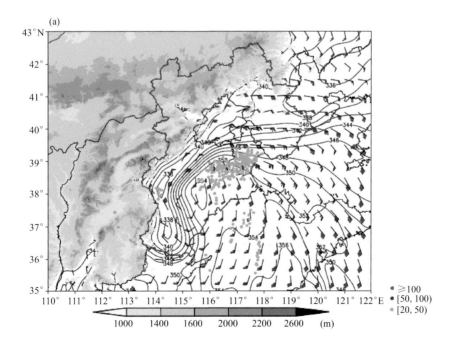

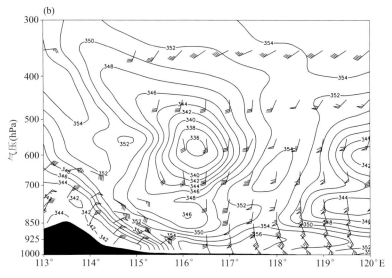

图 5.5　7 月 20 日 06 时 925hPa 流场(风向杆)、假相当位温场(等值线)及雨强(彩色圆点，
单位:mm/h)(a)和沿降水区中心纬度 38.7°N 的剖面(b)

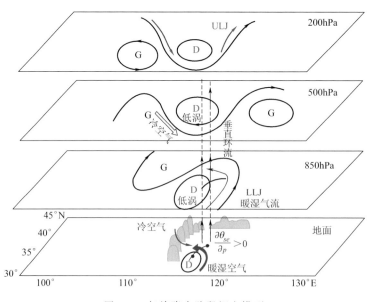

图 5.6　气旋降水阶段概念模型

# 参考文献

敖雪,王振会,徐桂荣,等,2011.地基微波辐射计资料在降水分析中的应用[J].暴雨灾害,30(4): 72-79.

陈红玉,高月忠,尹丽云,等,2016.强降水过程风廓线雷达资料的极值特征[J].气象科技,44(1): 87-94.

陈明轩,高峰,孔荣,2010.自动临近预报系统及其在北京奥运期间的应用[J].应用气象学报,21 (4):395-404.

陈小雷,2017.河北省暴雨洪涝灾害评估[M].北京:气象出版社.

陈子健,胡向峰,陈宝君,等,2019.河北省中南部暴雨雨滴谱特征[J].干旱气象,37(4):586-596.

单楠,何平,吴蕾,2016.风廓线雷达反演温度平流的应用[J].应用气象学报,27(3):323-333.

董丽萍,吴蕾,王令,等,2014.风廓线雷达组网资料初步对比分析[J].气象,40(9):1145-1151.

段宇辉,孙云,张南,等,2018.应用多元观测资料分析华北一次极端暴雨过程[J].气象科技,46(5): 965-970.

范广洲,吕世华,1999.地形对华北地区夏季降水影响的数值模拟演究[J].高原气象,18(4): 659-666.

方翀,毛冬艳,张小雯,等,2012.2012年7月21日北京地区特大暴雨中尺度对流条件和特征初步 分析[J].气象,38(10):1278-1287.

冯伍虎,程麟生,程明虎,2001."96·8"特大暴雨和中尺度系统发展结构的非静力数值模拟[J].气 象学报,69(3):294-307.

符娇兰,马学款,陈涛,等,2017."16·7"华北极端强降水特征及天气学成因分析[J].气象,43(5): 528-539.

胡欣,马瑞隽,1998.海河南系"96.8"特大暴雨的天气剖析[J].气象,24(5):8-13.

康延臻,2017.华北"7·20"特大暴雨动力诊断与数值模拟[D].兰州:兰州大学.

雷蕾,孙继松,何娜,等,2017."7·20"华北特大暴雨过程中低涡发展演变机制研究[J].气象学报, 75(5):685-699.

李军霞,李培仁,晋立军,等,2017.地基微波辐射计在遥测大气水汽特征及降水分析中的应用[J]. 干旱气象,35(5):767-775.

廖菲,胡娅敏,洪延超,2009.地形动力作用对华北暴雨和云系影响的数值研究[J].高原气象,28 (1):115-126.

廖晓农,倪允琪,何娜,等,2013.导致"7·21"特大暴雨过程中水汽异常充沛的天气尺度动力过程分 析研究[J].气象学报,71(6):997-1011.

刘梦娟,刘舜,2016.上海组网风廓线雷达数据质量评估[J].气象,42(8):962-970.

刘淑媛,郑永光,陶祖钰,2003.利用风廓线雷达资料分析低空急流的脉动与暴雨关系[J].热带气象学报,19(3):285-290.

刘裕禄,黄勇,2013.黄山山脉地形对暴雨降水增幅条件研究[J].高原气象,32(2):608-615.

马学款,符娇兰,陈涛,等,2016.2016年7月19—20日华北地区极端强降水过程总结[R].北京:灾害性天气总结会议.

牟艳彬,宋静,傅文伶,等,2018.HTG-4型微波辐射计的航空气象预报应用研究[J].高原山地气象研究,38(1):35-41.

谌芸,孙军,徐珺,等,2012.北京"7·21"特大暴雨极端性分析及思考(一):观测分析及思考[J].气象,38(10):1255-1266.

寿绍文,2010.位涡理论及其应用[J].气象,36(3):9-18.

宋善允,彭军,连志鸾,等,2017.河北省天气预报手册[M].北京:气象出版社:57.

孙继松,2005a.气流的垂直分布对地形雨落区的影响[J].高原气象,24(1):62-69.

孙继松,2005b.北京地区夏季边界层急流的基本特征及形成机理研究[J].大气科学,29(3):445-452.

孙继松,何娜,王国荣,等,2012."7·21"北京大暴雨系统的结构演变特征及成因初探[J].暴雨灾害,31(3):218-225.

孙军,湛芸,杨舒楠,等,2012.北京"7·21"特大暴雨极端性分析及思考(二):极端性降水成因初探及思考[J].气象,38(10):1267-1277.

孙淑清,纪立人,1986.凝结潜热对大尺度流场影响的数值试验[J].科学通报,31(14):1090-1092.

陶诗言,1980.中国之暴雨[M].北京:科学出版社.

王莉萍,沈桐立,崔晓东,等,2006.一次冷涡暴雨的中尺度对流云团分析及数值模拟研究[J].气象科技,34(1):22-28.

王令,王国荣,孙秀忠,等,2012.应用多种探测资料对比分析两次突发性局地强降水[J].气象,38(3):281-290.

王欣,卞林根,彭浩,等,2005.风廓线仪系统探测试验与应用[J].应用气象学报,16(5):693-698.

吴翠红,张萍萍,龙利民,等,2013.峡谷地形对两次大暴雨过程的增幅作用对比分析[J].暴雨灾害,31(3):218-225.

吴志根,2012.边界层风廓线雷达在降水时段中的在线分析应用研究[J].气象,38(6):758-763.

吴志根,沈利峰,2010.边界层风廓线仪应用中存在的若干问题[J].高原气象,29(3):801-809.

夏如娣,罗亚丽,张大林,等,2016.2016年7月19—20日北京强降水中β尺度特征分析[R].北京:灾害性天气总结会议.

徐昕,王其伟,王元,2010.迎风坡降水对中国东南地区降水贡献的估测[J].南京大学学报(自然科学版),46(6):625-630.

姚学祥,2011.天气预报技术与方法[M].北京:气象出版社:108-142.

易笑园,陈宏,孙晓磊,等,2018."7·20"气旋大暴雨中多尺度配置与MγCS发展的关系[J].气象,44(7):869-881.

俞小鼎,2012.2012年7月21日北京特大暴雨成因分析[J].气象,38(11):1313-1329.

袁美英,李泽春,张小玲,2010.东北地区一次短时大暴雨的β中尺度对流系统分析[J]气象学报,68(1):125-136.

岳彩军,寿绍文,林开平,2002.一次梅雨暴雨过程中潜热的计算分析[J].气象科学,22(4):468-473.

张杰英,杨梅玉,姜达雍,1987.考虑大尺度凝结加热的数值模拟试验[J].气象科学研究院院刊,2(2):123-132.

张景,周玉淑,沈新勇,等,2019.2016年"7·19"京津冀极端降水系统的动热力结构及不稳定条件分析[J].大气科学,43(4):930-942.

张萍萍,孙军,车钦,等,2018.2016年湖北梅汛期一次极端强降水的气象因子异常特征分析[J].气象,44(11):1424-1433.

张迎新,李宗涛,姚学祥,等,2015.京津冀"7·21"暴雨过程的中尺度分析[J].高原气象,34(1):202-209.

张迎新,张南,李宗涛,等,2016."7·19"特大暴雨过程成因初探[R].北京:灾害性天气总结会议.

张玉峰,张潜玉,2015.2013年8月6—7日华北大暴雨过程的诊断分析[J].气象与环境科学,38(3):114-119.

郑永骏,吴国雄,刘屹岷,2013.涡旋发展和移动的动力和热力问题:PV-Q观点[J].气象学报,71(2):185-197.

朱乾根,林锦瑞,寿绍文,等,2007.天气学原理和方法(第四版)[M].北京:气象出版社.

CAO Q,ZHANG G F,BRANDES E,et al,2008. Analysis of video disdrometer and polarimetric radar data to characterize rain microphysics in Oklahoma[J]. J Appl Meteor Climatol,47(8):2238-2255.

SHUSSE Y,NAKAGAWA K,TAKAHASHI N,et al,2009. Characteristics of polarimetric radar variables in three types of rainfalls in a Baiu front event over the East China Sea[J]. J Meteor Soc Japan,87(5):865-875.

BRINGI V N,CHANDRASEKAR V,2001. Polarimetric Doppler Weather Radar:Principles and Applications[M]. Cambridge:Cambridge University Press.

HART R E,GRUMM R H,2001. Using normalized climatological anomalies to rank synoptic-scale events objectively[J]. Mon Wea Rev,129(9):2426-2442.

SANTURETTE P,GEORGIEV C G,2005. Weather Analysis and Forecasting:Applying Satellite Water Vapor Imagery and Potential Vorticity Analysis[M]. San Diego:Academic Press:200.

XIA R D,ZHANG D L,2019. An observational analysis of three extreme rainfall episodes of 19-20[J]. Mon Wea Rev,147:4199-4220.

SMITH R B,1979. The influence of mountains on the atmosphere[J]. Advances in Geophysics,21:169-194.

ZHANG G F,2018.双偏振雷达气象学[M].闵锦忠,戚友存,王世璋,等,译.北京:气象出版社.

# 附录 A　华北地区典型的致灾暴雨过程

## A.1　1963 年 8 月 1—10 日华北持续性大暴雨("63·8"暴雨)[①]

　　1963 年 8 月上旬在太行山东麓,华北出现了有气象记录以来的特大暴雨(图 A.1a、b),过程总降水量达到 1329mm,邢台内丘县獐么总降水量为 2051mm(8 月 3 日-9 日),并且 8 月 4 日内丘县獐么站 24h 降水量达到 950mm。降水范围及总量目前在华北地区排位第一。这次暴雨强度大,面积广,危害极其严重,华北大范围地区成为一片泽国,津浦铁路长时期中断,这是历史上少见的。"63·8"暴雨是出现在稳定的大尺度环流形势下。图 A.1c 是"63·8"暴雨 500hPa 形势概略图。在亚洲副热带范围盛行经向环流,在日本海和西藏高原各维持一个稳定的高压脊。副高呈块状,中心在日本列岛到日本海一带,其脊线达 35°N,西脊点可达 115°—120°E 之间。我国东部的等高线近于南北走向。副高南侧的东风带内有台风活动。从华北经华中到云贵维持一条狭长的低压带。这条狭长的低压带处于四周稳定的高压系统包围之中,使得从我国西南部移入暴雨区的高空低涡在进入华北地区时出现停滞或减速现象,由河套移来的低槽冷锋受东侧下游高压的阻挡也在华北变成准静止,因而有利于造成持久的暴雨。此外,850hPa 平均流场也表示供应暴雨区水源的水汽输送通道从中印半岛孟加拉湾进入暴雨区(图 A.1d)。

　　在"63·8"暴雨期间,有三个西南低涡沿相似路径从西南移向东北,每当西南涡移到华北地区,它们与河套移来的变成准静止的低槽冷锋相互作用,在暴雨区形成大尺度湿区、位势不稳定和大尺度上升区,在这个区域内最有利于一次次强对流的中尺度扰动生成。在暴雨过程中,由于日本海高压稳定,同时在贝加尔湖地区有阻塞高压建立,并与日本海高压对峙,在这两高压之间形成了近于南北向的深厚切变线。在此辐合区中不断地有中尺度系统发生发展,它们一次又一次带来暴雨,从而形成长时期的暴雨。共有 14 个中尺度系统出现:6 个辐合中心(C)、3 个冷切变线(偏北风与偏东风之间的切变线)和 5 个东风切变线(东北风与东或东南风之间的切变线)。"63·8"暴雨的分析表明,在特定的长波形势下,天气尺度系统的停滞、充分的水汽供应以及

---

　　① 　主要参考自《中国之暴雨》(陶诗言,1980)

有利的地形是造成这次持续大暴雨的原因。西南涡北上和西风带高空槽的活动,是引起这次暴雨的主要天气尺度系统。稳定维持的特定大环流形势,是暴雨持续的主要原因。在这种形势下,副热带高压脊边缘强劲的西南气流、日本海高压后部的偏东气流和北方一股股的冷空气持续交汇于华北地区。贝加尔湖和日本海高压的阻塞作用是这种形势维持的重要条件。

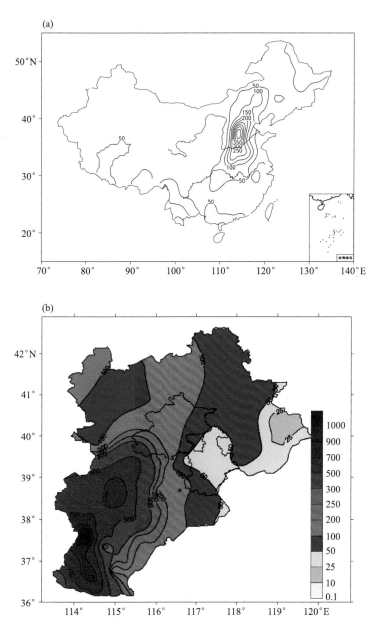

在这种大环流形势下,造成西南涡和西风槽移到河南北部变停滞,同时稳定的西

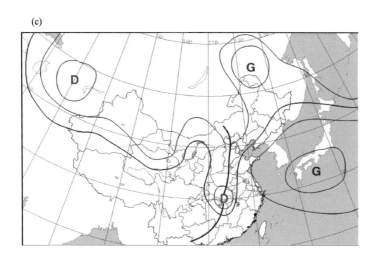

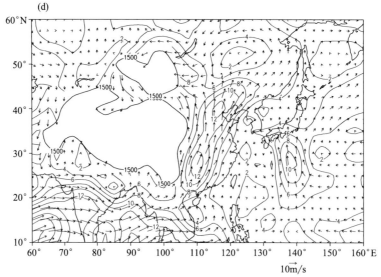

图 A.1 1963 年 8 月 1—10 日海河流域(a)、京津冀(b)持续性大暴雨的降水总量(单位:mm)、
500hPa 高度特征线("G"和"D"分别代表高中心和低中心,粗实线代表槽线位置)(c)、
850hPa 风场(矢量)和风速(等值线,单位:m/s,粗实线为高于 1500m 地形)(d)

南气流是水汽的主要来源,日本海高压后部的偏东气流也带来一部分水汽。充足的
水汽保证能有持久的大降水量。另外,在华北平原西面的太行山脉对偏东气流的抬
升作用,在一定程度上加强和稳定了这次暴雨过程。

# A.2　1996 年 8 月 3—5 日大暴雨("96·8"暴雨)[①]

　　1996 年 8 月 3—5 日,华北发生了 1963 年 8 月特大暴雨以来范围最广、强度最大的一次特大暴雨(简称"96·8"暴雨)。暴雨落区覆盖了太行山的东西两侧,即冀中南、晋东南和豫北等地区。位于"96·8"暴雨中心的石家庄、邢台两市的太行山迎风坡气象站过程雨量普遍超过 400mm,邢台县野沟门水库和井陉县吴家窑水文站降水量分别为 616mm 和 670mm(图 A.2a)。死亡 671 人,河北直接经济损失539 亿元。天气形势分析表明:"96·8"特大暴雨发生在西北太平洋副热带高压(简称副高)连续北跳和中纬度强经向型的环流背景下,热带辐合带明显偏北达到25°—30°N。热带和副热带天气系统加强北抬是"96·8"特大暴雨形成的显著特点。

　　9608 号热带气旋于 8 月 1 日 10 时前后在福建连江一带登陆,登陆时中心气压970hPa,最大风速 48m/s,此后沿西北、偏北方向移动,4 日在河南与湖北交界处填塞

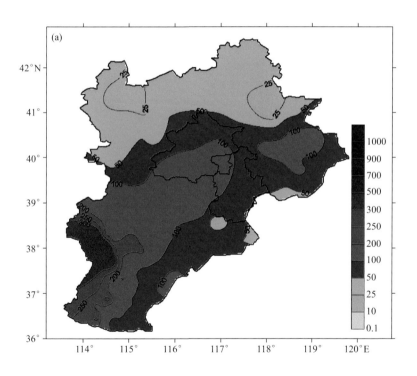

　　①　主要参考自"'96·8'特大暴雨分析研究"课题技术报告

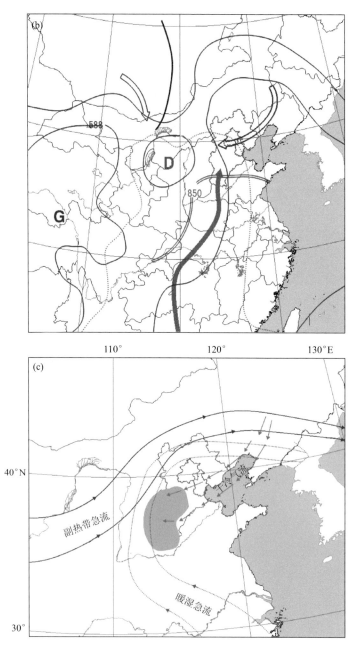

图 A.2  1996 年 8 月 3—5 日降水量(单位:mm)(a)、"96·8"暴雨天气形势概略图(b)及
台风低压外围暴雨系统概念模型(阴影区为暴雨系统 α 中尺度云团,
$TBB=-32℃$)(c)

减弱为低气压。从这次特大暴雨形成示意图(图 A.2b、c)可看出:①在有利的强经向
环流下,9608 号台风减弱的热带低压与副高之间形成偏南中低空急流;②对流层中

下部的暖湿气流在暴雨区的西部和南部形成 $\theta_{se}$ 的高值区,东北南下的弱冷空气伴随 $\theta_{se}$ 低值区深入河北平原,所以在河北南部构成湿斜压锋生;③由于大尺度动力因素、中尺度锋生和地形强迫的共同作用,在湿斜压锋区的南部引发了对流云团发展北上;④第一次冷空气南下和持续强劲的中低空偏南暖湿气流的共同作用下又产生了中尺度对流复合体(MCC),使得河北南部出现连续性暴雨。

"96·8"特大暴雨是在台风低压外围,停滞在河北省中南部的 α 中尺度云团形成的。α 中尺度云团在三支气流汇合和共同作用下发展:①低层偏东风干冷气流;②中低层南风暖湿急流;③副热带高空急流。图 A.2c 给出了产生特大暴雨的物理模型。研究发现,在 α 中尺度云团内部的中尺度扰动现象明显。其中有 β 中尺度东风切变线扰动先后出现了 3 次以上(图 A.3a);β 中尺度低压先后出现 2 次以上(图 A.3b)。β 中尺度系统均伴随强雨团活动(图略)。雨团在石家庄西部山区停滞长达 14h,36h 雨量超过 600mm。暴雨中心出现在海拔 100~500mm 的迎风坡和喇叭口处。

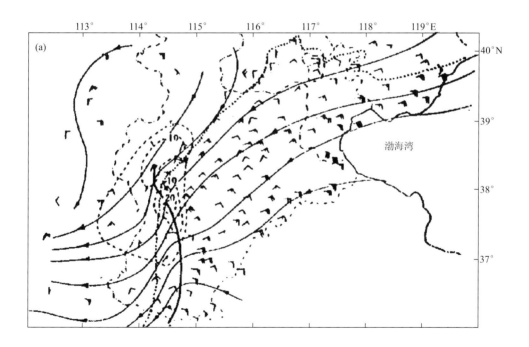

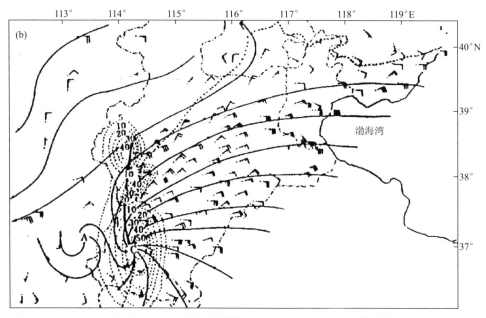

图 A.3  1996年8月4日10时地面风场及降水分布(a)和4日16时中低压的风场与降水(b)
(风矢长划为 2m/s,短划为 1m/s,粗实线为东风切变线,虚线为等雨量线(单位:mm/h),
∧线为山区与平原分界线)

## A.3  2012年7月21—22日大暴雨("7·21"暴雨)

2012年7月21日08:00—22日14:00,京津冀地区出现了暴雨、局地大暴雨到特大暴雨天气过程(图 A.4a)。河北省固安、廊坊、高碑店和涞源4个气象站日降水量突破历史极值,其中固安降水量最大,达364.4mm。北京地区出现了一次大范围大暴雨、局地特大暴雨过程。强降水从21日10时开始,22日02时基本结束。全市平均日降水量171mm。暴雨中心在房山区河北镇,降水量达541.0mm(图 A.4b)。最大小时雨强出现在平谷挂甲峪,21时的小时雨强达100.3mm/h,这次降雨过程雨量大、雨势强、范围广、影响大(损失重)、社会关注度高。强降水共造成北京约160.2万人受灾、73人死亡,直接经济损失达116.4亿元。河北受灾人口达266.92万人,死亡37人,失踪15人,因灾造成直接经济损失达122.87亿元。北京通州张家湾还出现了龙卷。

此次特大暴雨过程具有典型的华北暴雨形势,环流经向度大,属华北典型的低槽冷锋类暴雨型(图 A.5a,孙军等,2012)。强降雨区位于高空急流显著分流区;200hPa上南亚高压脊北伸到华北;副高与西风带大陆高压脊同位相叠加在华北形成东高西低的形势;500hPa西风带低槽东移,由于东侧高压的阻挡使其东移速度较慢;对应

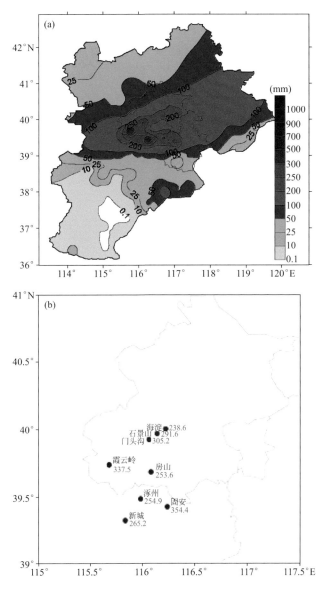

图 A.4　2012 年 7 月 21—22 日京津冀降水量(a)及突破极值的站点分布(b)

700hPa 和 850hPa 伴有低涡和切变线。21 日,中国南海海域有 8 号台风"韦森特"活动,在 925hPa 及以下,与副高之间形成了一条东南风低空急流带,向华北地区提供水汽和能量,同时"韦森特"的存在使副高位置相对稳定,有利于暴雨形势的维持(俞小鼎,2012)。

"7·21"暴雨产生在大气异常潮湿的环境中。在暴雨发生时,比湿最大值达到 19g/kg,而且,对流层中下层的比湿比北京区域性暴雨历史个例高 40%。产生长时间强降水的重要原因是边界层以上高湿的特征在暴雨产生的过程中一直维持。充沛的水汽被一支从低纬度一直贯通到40°N附近的低空偏南气流从孟加拉湾和中国南海向北输送。偏南风持续增大形成低空急流，增大了水汽的输送。而且，随着急流核向东北方向移动逐渐靠近北京，在北京上空对流层低层产生了-17.7g/(hPa·m²·s)异常强烈的水汽通量辐合（廖晓农等，2013）。

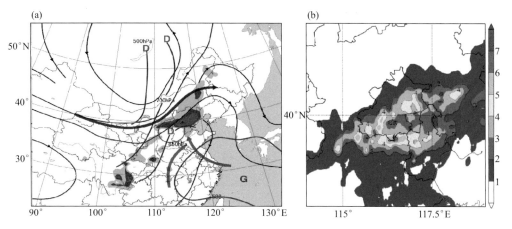

图 A.5　2012 年 21 日 20 时综合图（a）及短历时强降水频次分布（单位：次数）（b）

此次降水过程分为两个阶段，第一阶段在 21 日 20 时之前，呈现出短时雨强大且波动性显著的对流性降水特点，第二阶段降水在 21 日 20 时之后，降水为锋面降水特征。第一阶段降水回波具有明显的"列车效应"传播特征，"列车效应"的初始对流起源于地形强迫造成的暖区内中尺度辐合以及低空急流增强过程中的风速脉动（谌云等，2012；孙继松等，2012）。期间中尺度系统活动频繁，滤波后发现 850hPa 的中尺度切变、中尺度低涡扰动是此次暴雨的主要影响系统，其尺度为几十到几百千米（张迎新等，2015）。07:30—09:00 河北涞源到北京房山一带有中尺度对流系统（MCS）稳定少动，09:00—11:30 MCSs 发展的同时，其质心逐渐向东北移动，而其长轴方向亦为西南—东北走向，MCSs 伴随着一系列分裂、合并等过程显著发展，最终形成一典型的 MCC。≥20mm/h 的短时强降雨出现的频次分布图（图 A.5b）表明北京房山及北京与河北交界的部分地区短时强降雨持续时间达 4~5 个小时，局部超过 7 个小时（方翀等，2012）。